就爱吃排骨

越啃越解馋的排骨让你大饱口福

萨巴蒂娜◎主编

上海文化出版社

图书在版编目（CIP）数据

就爱吃排骨 / 萨巴蒂娜主编. -- 上海：上海文化出版社, 2012.6
（美食堂; 5）
ISBN 978-7-80740-889-5
Ⅰ. ①就… Ⅱ. ①萨… Ⅲ. ①肉类－菜谱 Ⅳ.
①TS972.125
中国版本图书馆CIP数据核字(2012)第098541号

出版人：王刚
策划：许琳菲　韩民
营销策划：王溪桃
主编：萨巴蒂娜
图书编辑主任：贺天
责任编辑：胡燕贤
特约编辑：江瑞芹
内容编辑：王芙蓉　雷学谦
图片编辑：吴寅啸
设计总监：施建均
菜品艺术造型师：张政华　姜琼
资深美术设计：薛佳
摄影师：汤晓俊　支强

书名：就爱吃排骨
出版、发行：上海文化出版社
地址：上海市绍兴路74号
网址：www.shwenyi.com
印刷：天津市豪迈印务有限公司
开本：720×960　1/16　印张：12.5　图文：200面
版次：2012年6月第1版　2012年6月第1次印刷
国际书号：978-7-80740-889-5/TS.435
印数：1-20000册
定价：38.00元
告读者：本书如有质量问题请联系印刷厂质量科　电话：022-83989181

我的基因里
多写了一条“爱吃排骨”

我每次去市场里买排骨，一买就是一整扇，鸡腿、牛排什么的也是一买一大堆，每次都喊着明天一定要换一个大冰箱。只要它们上了餐桌，我一定可以从头High到尾。

排骨跟普通的肉不一样，因为吃掉它不但要咬，更要啃，所以它本身就带着一股豪气，无论是男人还是女人，其实都不会拒绝这股豪气。每次在武侠片里看到那些江湖侠客到了酒肆里，点上一盘大棒骨，很豪爽地吃的时候，自己就开始激动——从舌头开始，从小到大一直如此。是不是大侠不重要，武功上我可以不如你，但是单论吃排骨这件事，我想大家彼此之间谁也不会输给谁。

记得小时候，一家人都宠着自己的时候，我最喜欢家里做个什么炖排骨啦、炸鸡腿啦之类的，每次都抱着大骨头啃来啃去，每次都啃得非常精细。时间久了，自己就对各种排骨的筋肉结构了如指掌，哪里是一块蒜瓣肉，哪里有一根好吃的筋全都清楚，还记得老爸老妈每次都是笑眯眯地看着自己说：“看着你吃都觉得香！”

现在的每一天都很忙，而且和父母分居两地，和家里人围坐在餐桌前，闻着羊蝎子、炖排骨的味道垂涎的机会越来越少。但是，每当到了周末，依旧喜欢自己买点排骨回家，即便是简单的清水炖，然后蘸着鲜极汁吃也是无敌好吃。虽说很简单，但是对于周末来讲，这是极大的消遣和放松——忙碌一周之后，总算可以在这个周末的晚上慵懒地吃一顿。或者配一瓶饮料、搭一杯小酒，或者一边欣赏着夜色，一边追着那些揪心的美剧。然后，睡个懒觉，起来晒太阳。

为了让排骨吃起来更健康更舒服，排骨配菜也是必不可少的，清爽解油腻，和排骨是一对不错的平衡搭档。其实在我身边的那些吃货，每次配这些排骨伴侣菜式，更多地是为了每次都能多吃两口排骨。犯馋的时候，我可以吃点排骨解馋；犯懒的时候，我可以炖点排骨，不用在灶台旁边忙上忙下，还可以边闻香味边看电视；来客人的时候，我可以做点排骨，绝对是赚喝彩的硬货。

人家都说，鉴别吃货的方法，就是看他们在吃得很撑之后说些什么。普通青年会说：“撑死了，不吃了！”吃货青年会说：“撑死了，歇会儿再吃！”

吃排骨的时候，后者居多。

高欣茹（萨巴蒂娜）

萨巴小传：萨巴蒂娜是当时出道写美食用的笔名。主编过20多本畅销美食图书，出版过小说《厨子的故事》，散文集《美味关系》。现任 美食堂 杂志执行主编。

主编邮箱：gaoxr@bauermediachina.com　新浪微博：weibo.com/sabadina

“亚洲美食天王”，美食界的村上春树，以“阿鸿上菜”红遍全台湾以及东南亚，集广播、著作、电视全方位于一体的美食达人，为华人以生活美学跨越全世界第一人。

回家吃饭最吃香

现代有一种人被称为“老外”，他们是三餐老是在外吃的“外食族”，您知道这个族群在激增的过程中，产生了许多文明症候群。外食的餐饮危机主要体现在高盐分、高糖分及高油脂，导致三高等文明病接踵而至。

近年来，许多亲子专家纷纷强调一星期至少留给家人一餐时间的重要性，意指专心吃一顿饭，为家人做餐饭的重要性。因为根据问卷调查，有很多的中小学生对家的印象是麦当劳，对妈妈的味道只剩下KFC（肯德基），远景堪虑！

“时间不够用”成为现代外食人口的隐忧，我深深感觉到家的功能性被静置、冷处理，实在可惜。从小我一直认为，一个洋溢着炊烟、菜香、饭味的厨房才是温暖家庭的标志。小时候，我记得家中厨房的炉灶是整天开着的，不是在炖汤，就是在蒸肉。肚子一饿，走进厨房，家人总会塞好吃的东西到我口中，美味伴送，使人感受到家的温情。我想，家的灵魂应该是热烘烘的厨房吧！

很高兴能看到这本为现代人重新量身订做的好书《就爱吃排骨》问世，让新世纪的人们能学习厨艺，并符合新、速、实、简的效率，更适合文明家庭能温故知新的习惯，除了养生食疗，也能兼具创意，中西合璧，一口气就能满足口腹之欲，无肉不欢。

序

80道料理，吃巧也能吃饱，过去大家对肉的印象还停留在挑精拣瘦，唯才是用的概念，尚未深入人心。其实只要能善待食材，用好的心情自然能做出感动人的料理，“食”在够厉害。

除了鼓励大家找回“家”的本心，减少吃到黑心食品的机会，另外，与家人一起吃饭也可强化家的功能性，并使生活美学得以延续。古代文惠君曾经提及“庖丁解牛”的故事，即是把庶民生活的力与美作最完美的诠释。在工作之余，期望您也能做出一道好料理，以建立好的人际关系，这本《就爱吃排骨》是您与家人分享美食，取得最佳沟通的桥梁。

猪骨最香

目录 | CONTENTS

猪骨最香

22 海带结焖肘子
24 蒜香烧排骨
26 土豆烧排骨
36 豉汁排骨煲仔饭
38 腐乳排骨
排骨伴侣
40 橙汁拌翠衣
42 酱焖大骨

52 八角酱排骨
54 蜜汁叉烧
56 粉蒸排骨
58 豉椒蒸排骨
68 香蒜炸排骨
排骨伴侣
70 芹菜煎饼
72 玉米排骨汤
74 步步高升排骨

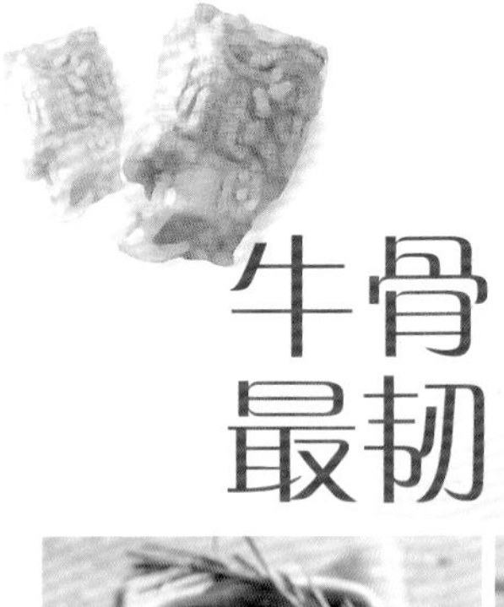

牛骨最韧

78 番茄炖牛尾

80 黑椒牛仔骨

82 荷叶牛骨

90 焗烤牛小排

92 砂锅牛腱

94 姜汁柠檬牛仔骨

96 菊花菜炒冬笋

目录 | CONTENTS

牛骨最韧

羊骨最暖

108 蒜香羊排

110 红焖羊排

112 玉米面糊饼

120 烤羊棒骨

122 红酒煎羊排

124 开胃山药

84 三杯牛小排

86 芥菜豆腐羹

88 果香酱烤牛小排

98 麻香牛柳

100 麻辣牙签牛肉

102 清酒香煎牛仔骨

104 葡萄牛尾酥皮汤

羊骨最暖

鸡鸭最嫩

114 萝卜羊肉煲

116 炖羊蝎子

118 孜然羊排

鸡鸭最嫩

128 蜜汁煎鸡扒

130 烧汁鸡扒饭

132 虾酱炸鸡

134 蒜蓉鸡毛菜

136 蜜汁烤鸭腿

138 脆皮香酥鸭腿

140 和式炸鸡腿

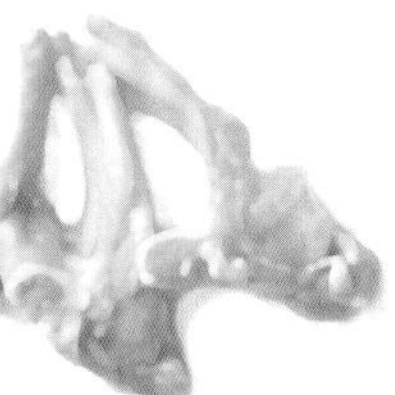

筋头巴脑

150 猪手海参汤

152 香芋猪手

目录 | CONTENTS

筋头巴脑

162 香辣牛蹄筋

164 蘑菇炖蹄筋

166 孜然猪脆骨

168 豆腐羹蕃茄盅

176 麻婆牛骨髓

178 麻酱油麦菜

180 红烧猪蹄

182 糖醋菜卷

容量对照表

1茶匙（tsp）固体调料 =	5克	1/2茶匙（tsp）液体调料 =	2.5毫升
1/2茶匙（tsp）固体调料 =	2.5克	1汤匙（tbsp）液体调料 =	15毫升
1汤匙（tbsp）固体调料 =	15克	1碗液体调料 =	250毫升
1茶匙（tsp）液体调料 =	5毫升		

猪骨最香

排骨、腔骨、棒骨、猪肘等，做法多样，“诸肉要数猪肉香”这个真理，现在印证一下正合适。

椒盐排条

咱永远比饭馆实惠

第一次出差，在一个小饭馆里吃到这道菜，做法倒没什么新奇的，但是咸鲜的味道很好吃。因为醮了椒盐，香味十足，唯一的遗憾就是面糊太厚了，于是决定到家之后用大排条肉如法炮制。

1. 将猪肉排切成条 2. 肉排条中放入调料腌制去腥 3. 将面粉和蛋液制成糊，排条挂糊 4. 排条裹一层面包糠 5. 放入锅中炸制 6. 用厨房纸巾吸油，准备装盘

用料

● 猪里脊肉 200g ● 鸡蛋 1 个 ● 面粉、面包糠 各适量 ● 盐 2g ● 椒盐 1/2 茶匙 ● 鸡粉 1/2 茶匙 ● 白胡椒粉 1g ● 油 500ml

做法

1 将里脊肉切成 0.5cm 宽的粗条，里脊肉最好切的时候其实是在它还没有完全化冻的时候，有一些硬度比较好切。

2 将里脊肉用盐、鸡粉、胡椒粉搅拌均匀，腌制入味，这个过程需要 15 分钟左右。利用这个时间，将鸡蛋打散，放入面粉搅拌，加入少许清水调节浓稠程度，让里脊肉在里面均匀地挂上一层面糊即可，面粉的量需要根据实际情况掌握。

3 将油放入锅中烧至五成热，即手掌置于锅上方能感到明显热气的时候，转中小火，将里脊肉挂上面糊，放入锅中炸制，待其外部呈金黄色时捞出沥油，先用厨房纸巾吸油，然后放入盘中，配椒盐撒匀即可。

Tips 放了鸡蛋的面糊，炸出来口感是比较软的，如果你喜欢那种有点脆脆硬硬的外壳，建议就不用放鸡蛋了，用水和面粉来调制面糊即可。另外，面糊的浓稠程度，也直接决定了你外面挂糊的厚度，完全看你自己的喜好。

湘味芋头排骨煲

谁会傻到只吃排骨

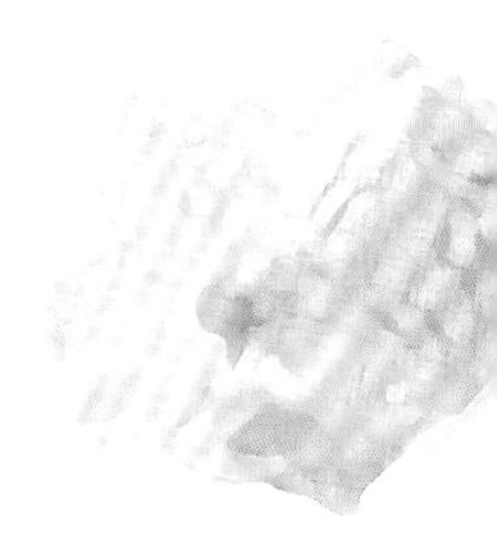

严格来讲，这道菜的主角也许都不是排骨，而是旁边的芋头。只是许多人一下子被那肉勾去了魂魄——当然，那排骨的确很“销魂”，微微的辣，鲜美且软嫩；但是，当你吃一块软软的芋头并且将其搭配米饭的时候，你才知道刚才单单用排骨把自己撑饱的行为是多么令人遗憾。

用料 ● 猪肋排 300g ● 芋头 2 个 ● 香葱段 20g ● 青、红辣椒 各 10g ● 鲜味酱油 2 茶匙 ● 淀粉 适量 ● 绍酒 1 汤匙 ● 盐 1/2 茶匙 ● 鸡粉 1/2 茶匙 ● 三花淡奶 3 汤匙 ● 油 600ml

做法

1 将青、红辣椒洗净后切成小段，注意这种辣椒不比普通的干红辣椒，要根据自己的口味进行增减。此外，芋头去皮洗净，切成滚刀块；肋排切成小块，冲洗干净血水后备用。

2 将排骨用绍酒和鲜味酱油腌渍入味，然后在表面裹上一层淀粉，不用很厚，均匀的一层就可以。

3 锅中放入约 300ml 油，烧至五成热左右之后，将芋头放入锅中，中大火将芋头块炸至表面金黄且略微焦脆的时候，捞出沥油。将剩余的 300ml 油注入，继续烧至五成热，以中大火将排骨炸至金黄定型后，捞出沥油。

4 锅中放入约 400ml 水，煮沸后放入排骨，中火炖煮约 15~20 分钟，然后放入芋头、盐、鸡粉、三花淡奶继续煮，待到芋头绵软后加入葱段即可。

Tips 有个诀窍可以跟各位共享一下，像山药、芋头、土豆等这种比较软糯清香的食材，和猪肉、羊肉、牛肉搭配起来都是非常好吃的。这样一来，就变成了 3vs3 的局面，另一方是猪肉、羊肉、牛肉，这样，我们就可以瞬间发展出九道菜来。

韭菜炒豆芽

多大一盘都不会剩

这样的菜从小在餐桌上就见过，和菜市场的人混熟了之后，韭菜可以免费送你几根，足够炒出一大盘来。清淡而不平淡，那点韭菜挥发出来的香气真不是一两口就能让你过足瘾的，而且豆芽菜不怎么占地方，炒多大一盘子都不会剩下分毫。

做法

1 将豆芽菜洗净，如果有时间的话，可以把豆芽菜的尖端掐掉，会让整道菜的口感更佳。因为尖端不像中段那么水嫩，所以如果精工细作的话，可以把这里掐掉。

2 韭菜择洗干净，将老叶和带土的外层去掉，冲洗干净，切成寸段备用。

3 锅中放油烧至五成热，将豆芽放入，炒至微微变软后，加入盐、鸡精、韭菜，大火翻炒均匀，待豆芽熟后即可。

Tips 豆芽菜可以解油腻，而且味道清淡，脆嫩多汁。一口肉一口菜，是健康饮食的一个原则，千万不要自己光顾着大口吃肉，让肠胃的负担过重。

海带结焖肘子

用料 ● 猪肘肉（熟）200g ● 海带结（熟）200g ● 青、红辣椒 各2根 ● 鸡汁2汤匙 ● 三花淡奶2汤匙 ● 白胡椒粉2g ● 盐1/2茶匙 ● 油4茶匙

抱在怀里连吃带喝最痛快

任何一盘好吃的菜，人们都希望把它抱在怀里，然后手里攥齐了所有的餐具，一手筷子一手勺，全身心地投入到品尝它的过程中。海带结不但鲜美，而且还带着一些咬劲，肘子肉软滑地往嘴里一摊，静等着你品味，最后喝一勺汤……全过程都发生在你的怀抱中。

做法

1 将猪肘肉切成均匀大小的柳，带筋的部分可以横着肉的纹理切开成片。将海带结充分冲洗干净，由于里面容易沉积沙粒，所以需要仔细清洗。青、红辣椒洗净，切小段备用。

2 锅中放油烧至七成热，即手掌放在锅的上方可以感到明显的热气时，将青、红辣椒放入爆香。这时尽量将抽油烟机开到最大马力，因为味道会有一些辣眼呛人，将猪肘肉和海带结放入，大火略煸 20 秒钟。

3 放入约 400ml 的水，由于这道菜是汤菜，所以汤的用量可以根据自己的需求灵活调节。加入鸡汁、三花淡奶、盐大火煮开后，小火炖煮 10 分钟至原料入味即可。

Tips 这里使用的猪肘肉是用清炖的方法炖熟的，可以放在高压锅中，用一些葱姜段来去腥，加入清水炖熟。海带结由于已经是熟了的，所以不需要加热太长时间，如果喜欢更有咬劲的海带结，可以延后放入海带结的时间。

蒜香烧排骨

不怕烫的才最吃香

看一道菜是不是受欢迎，就看它上桌之后人们能不能克服“高温烫嘴”的障碍。像这道菜，几乎刚一出锅就会有人来抢，因为那股蒜香味实在是让人没办法坐在饭桌前淡定下去。而且还有一个原因，越是趁热吃，那股香味就越浓郁。

1. 排骨用料酒腌制 2. 将排骨放入锅中略煎 3. 将蒜末爆香 4. 放入排骨，加入白糖等调料 5. 加入适量清水 6. 收汁后放入青蒜

用料

● 猪肋排 300g ● 大蒜 4 瓣 ● 青蒜 20g ● 料酒 4 茶匙 ● 生抽 2 茶匙 ● 盐 2g ● 老抽 1 茶匙 ● 白砂糖 1/2 茶匙 ● 鸡精 1/2 茶匙 ● 油 50ml

做法

1 将肋排洗净后切成小段，放入清水中充分浸泡，将血水泡净后沥干水分，放入料酒、生抽腌制 20 分钟左右。

2 用腌制排骨的时间将大蒜拍松、去皮，然后剁碎，或者用压蒜器压成蒜蓉。青蒜洗净，斜切成段。

3 锅中放入约 50ml 油，烧至五成热，将排骨放入煎制定型且表面金黄后捞出沥油。这时如果锅中还剩下油的话就继续爆香蒜末，如果没有了就再加入 1 汤匙左右。

4 闻到蒜香的时候，继续中小火煸炒，等到蒜末变成金黄色的时候，将排骨放入，大火煸炒，加入老抽、白糖、盐、鸡精和约 300ml 的清水，大火煮开至熟。

5 最后关火，倒入青蒜段，迅速翻匀，利用里面的热气将青蒜的香气热出即可。

蒜末被烧至金黄色的时候，蒜香味道最浓，但是注意此时需要马上下料了。

土豆烧排骨

用料

● 猪排骨 300g ● 土豆 200g ● 冰糖 25g ● 盐 1/2 茶匙 ● 老抽 2 茶匙 ● 生抽 2 茶匙 ● 葱段、姜片、蒜片 各 10g ● 八角 1 颗 ● 草果 2 颗● 花椒 5g ● 干红辣椒 3 根 ●葱花 适量 ● 油 2 汤匙

做法

1 将排骨切成小段后，冲洗干净，放入锅中，倒入清水和料酒，大火煮开，撇去浮沫。土豆去皮洗净，切成小块。

2 锅中放入油，小火加热，待其稍稍有一些温度的时候将冰糖捣碎放入，小火慢热将冰糖热熔。待冰糖变成浅棕色之后，迅速放入排骨，裹匀糖色。

3 将排骨盛出，放入葱段、姜片、蒜片、八角、草果、花椒和干红辣椒，爆出香味后放入排骨一起翻炒均匀。

4 加入约 400ml 清水，然后放入土豆，如果喜欢吃硬一点的土豆，可以在出锅前 15 分钟放入。加入盐、老抽、生抽，大火煮开后转中火将汤汁收浓，撒入葱花即可。

1.排骨加入料酒去腥 2.炒糖色，放入排骨裹匀糖色 3.加入葱、姜、八角、花椒 4.加入清水烧煮 5.加入土豆 6.收汁后放入葱花

从小就未曾改变的味道，诱人依旧

土豆和排骨的这对经典搭配，已经一起横行餐桌数十载了，许多人都是从小就很熟悉这道菜了。现在再吃，那种感觉依旧是百吃不厌，一碗饭加上这么一盘土豆烧排骨，暖暖的，而且香喷喷的。当然，耳边的声音可能不再是父母的温暖话语，而是一句接一句的：“给我留点儿！”

Tips 许多炖菜都需要用到炒糖色，炒糖色的方法基本是用少许的油，一般 1 汤匙就差不多，然后将冰糖敲碎后放入，小火慢慢热融。看到糖开始溶化并逐渐变成棕色的时候，开始用铲子搅拌，待糖完全变成液体的时候立刻放入食材。

排骨年糕

一口好牙，就为了等这道菜

牙口好的人，这种口福是志在必得的。其实这道菜并不是有多么难嚼，而是这道菜的口感要比口味更有吸引力。年糕不仅软糯，而且有韧劲，肋排鲜嫩多汁，那种美味绝对是牙齿的成就感，所谓口感的魅力就集中在这里。

用料 ● 猪肋排 250g ● 年糕 100g ● 鸡蛋 1 个 ● 散叶生菜 适量 ● 鲜味酱油 2 茶匙 ● 冰糖 2 茶匙 ● 老抽 2 茶匙 ● 生抽 1 茶匙 ● 盐 1/2 茶匙 ● 料酒 1 汤匙 ● 葱姜蒜粉 2g ● 五香粉 1g ● 油 500ml

做法

1 将排骨切成小段之后，先用清水浸泡，将血水泡出，由于稍后有腌制的步骤，所以就不必用飞水的方法去血沫了。年糕泡在清水中，刀上也沾一点水，将年糕切成 5mm 左右的厚片，放入水中浸泡备用，生菜洗净，铺在盘底当作装饰。

2 将排骨用鲜味酱油、料酒、葱姜蒜粉搅拌均匀，腌制备用。利用腌制的时间，将鸡蛋打散，放在碗中备用。

3 年糕片捞出沥水，锅中放油烧至七成热左右，即可以看到轻微的油烟的时候，将年糕片裹上蛋液入锅炸至表面金黄后捞出沥油。然后放入排骨炸至表面微焦后捞出沥油备用。

4 锅中留少许油，小火加热，将冰糖捣碎放入，慢慢加热至冰糖溶化成浅棕色糖浆时，放入排骨裹匀糖色，加入约 250ml 清水、盐、五香粉、生抽，大火煮开。

5 汤汁收至最初的一半时，加入年糕继续中火收汁至浓稠即可。

Tips 许多炖烧的菜式中，排骨都要事先炸制定型，不过需要注意的是：排骨炸的时间不可过长，否则，第一，肉会变得很干很硬，之后再怎么炖也不会有很好的口感；第二，只有薄薄的一层肉的那一侧会裂开，造成肉离骨，让排骨的卖相很难看。

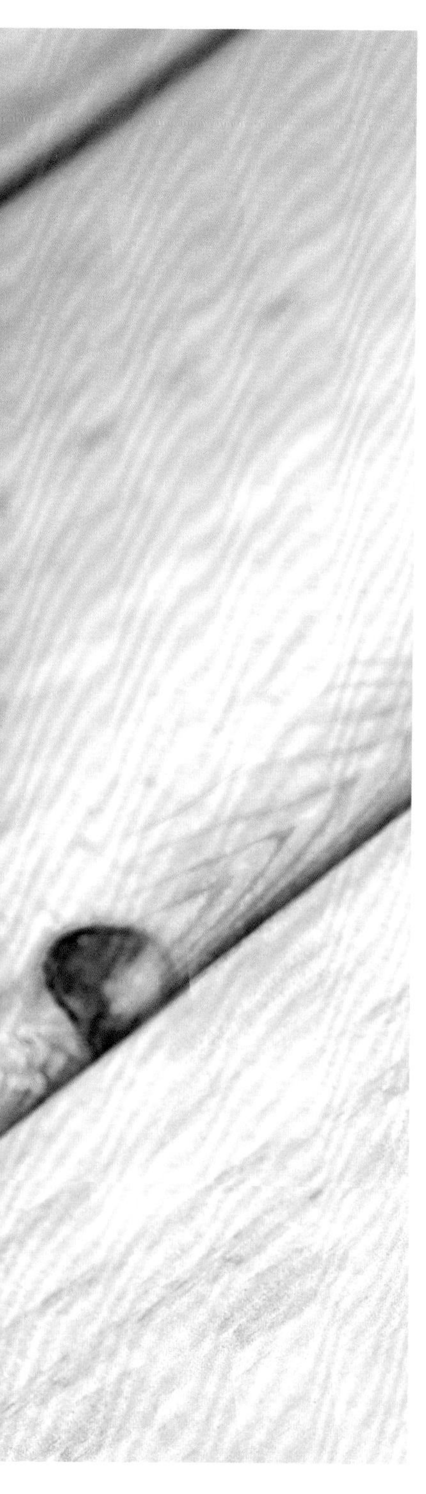

南瓜粥

最后一碗一定要留给自己

如果这世界上只允许一种粥存在，就让它是南瓜粥吧！饭前喜欢喝，是因为它很清香，带着南瓜的甘甜，而且软软糯糯连嚼的工夫都省了；饭后也喜欢喝，因为只有这一口才能作为一顿饭，尤其当作是各种肉排之后的最佳收尾。

用料 ● 南瓜 250g ● 大米 50g ● 瓜子仁 10g ● 冰糖 2 茶匙

做法

1 将南瓜去皮、去籽、洗净后，放入食品加工机中，加入约 300ml 水搅打制成南瓜汁；将大米淘洗干净，沥干水分备用。

2 锅中放入约为平时煮粥 3/4 的水量，加入淘好的大米，大火煮至滚沸，加入南瓜汁，继续保持大火，等到再次滚沸的时候，转小火继续熬煮 20 分钟。

3 等到粥变得浓稠的时候，打开锅盖，加入冰糖继续熬煮，边煮边搅动，继续煮 10 分钟左右就可以出锅了，出锅后加入瓜子即可。

Tips 南瓜是解油腻的能手，而且富含膳食纤维，有利于排出体内垃圾。很多肉食都可以跟南瓜相配，让南瓜吸走油腻，令肉味更加清香，而南瓜依旧还是清甜的味道。

桂花小排

压箱底儿的私房菜

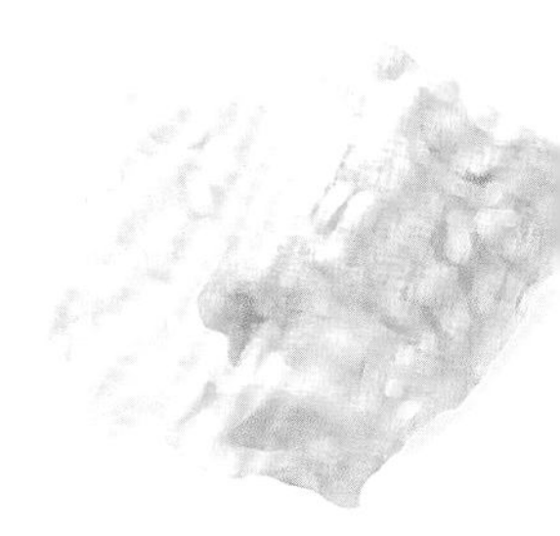

这菜绝对从里到外透着一股大家闺秀的气质，一上桌之后惊艳非常，估计要是用这道菜来招待朋友，无论从色香味哪一点上，都会让你的朋友瞪大眼睛上下打量你几番，对你佩服不已。可是他们可能不知道，这么一道看似是“祖传秘制的私房菜”，其实用很简单的几步就能搞定。

用料

● 猪肋排 350g ● 糖桂花 4 茶匙 ● 姜丝 10g ● 白砂糖 2 茶匙 ● 生抽 2 茶匙 ● 老抽 1 茶匙 ● 料酒 1 汤匙 ● 鸡精 1/2 茶匙 ● 油 4 汤匙

做法

1 将猪肋排切小段后放入锅中，加入适量清水大火煮开，撇去血沫后捞出沥干水分。注意看到血沫出现的时候就可以关火了，加热时间过长，之后再炖煮的时候容易使得排骨肉离骨。

2 锅中放油烧至五成热，先将姜丝放入煸炒 1 分钟，再将排骨放入略煸半分钟后，放入白砂糖，小火翻炒，糖溶化后会使排骨上一层糖色。

3 裹匀糖色后，倒入约 300ml 清水，加入生抽、老抽、料酒、鸡精和糖桂花，大火煮开后中火炖煮至汤汁收浓即可。

Tips 将排骨和糖一起下锅翻炒，也能使排骨裹上糖色，而且不易把排骨或糖炒焦炒煳，比较容易掌握，适合不能熟练炒糖色的人操作。

小米椒炒拆骨肉

离骨头越近的肉越好吃

爱吃肉的人都知道，离骨头越近的肉其实越好吃，因为它们运动强度最大，弹性、质感、味道都非常好。如果恰好你深谙此道，却又懒得用手攥着骨头的话，拆骨肉的菜式一定最合你的心意。

1.前肘肉焯熟 2.将肉拆下来 3.爆香姜蒜、豆豉和小红辣椒 4.放入拆骨肉翻炒 5.炒匀后放入调料 6.加入青蒜炒匀

用料

● 熟前肘肉 250g ● 小红辣椒（即小米椒）4 根 ● 姜片 5g ● 湖南豆豉 1 汤匙● 青蒜 30g ● 白砂糖 1 茶匙 ● 黄酒 1 汤匙 ● 油 2 汤匙

做法

1 将前肘上的肉拆下来，撕成粗条。小红辣椒洗净后，斜切成小段，这种辣椒比干辣椒辣很多，所以需要根据自己的口味酌情增减。青蒜洗净，切段备用。

2 锅中放油烧至六成热，放入姜片略煸，然后放入小红辣椒和湖南豆豉爆香，然后放入棒骨肉，大火爆炒，烹入黄酒炒香。

3 这时候烟会有一些呛，放入白砂糖翻炒均匀以后，撒入青蒜翻匀后关火即可，青蒜是可以生吃的，所以要在最后放入，略微有一点热气就可以把青蒜的香味烘托出来，所以千万不要过早放入青蒜。

Tips

青蒜在一道以香辣为主的荤菜中是必不可少的食材，别看它用量少，却充当了解油腻、提香气的重要作用。青蒜可生吃，而且只有在生的时候，香气才有和香辣味道一样上下乱窜的活力，所以，一般在关火前的 5 秒钟放入青蒜，利用锅中的热气将其香气沁出即可。

豉汁排骨煲仔饭

来广东不能不吃，离开广东惦记着吃

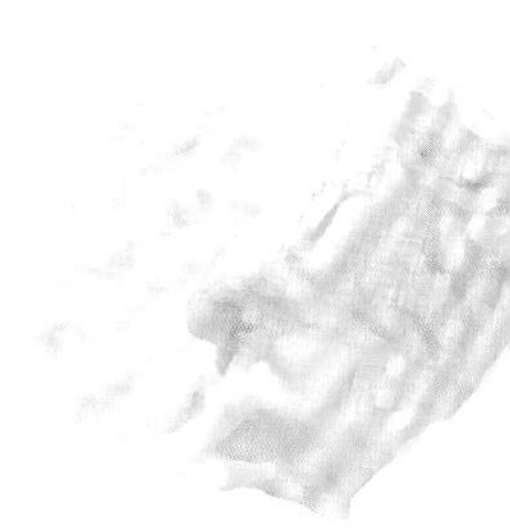

来广东，煲仔饭绝对是必选项目，可这是一个无底洞啊，要么，住在这里，要么，离开之后每天惦记……煲仔饭是一个让人忘记一切原则的美味。清爽的蔬菜搭配鲜香多汁的肉排，鲜甜的汤汁渗在油亮的米饭当中，每一个没有厌食症的中国人都抵抗不住这种诱惑的。吃相？什么是吃相？瘦身？不好意思不太明白……

用料 ● 猪肋排 300g ● 小油菜 4 棵 ● 姜丝 8g ● 蒜末 15g ● 鲜味酱油 2 茶匙 ● 黄酒 1 汤匙 ● 豆豉 1 汤匙 ● 盐 1/2 茶匙 ● 大米 80g ● 油少许

做法

1. 将肋排用砍骨刀剁成 5cm 左右长段，再切成小段，用清水泡净血水，用鲜味酱油、黄酒、豆豉腌制入味。腌制的过程最好用手充分抓拌，这样才能更加充分地入味。

2. 将小油菜洗净，放入沸水中略烫一下，沥干水分后加入盐搅拌均匀。

3. 在砂锅中抹上一层油，然后放入淘净的大米，按照大米和水 1:1.5 的比例放入清水，加盖煮饭，大火烧开。

4. 烧开后 10 分钟左右的时候，米饭开始吸水，这时将肋排和小油菜放入，撒入姜丝和蒜末，小火加热 5 分钟左右，然后关火盖盖，用余温焖 15 分钟左右即可。

Tips 煲仔饭一定要用砂锅，当然电饭锅也可以完成，但是米饭的口感还有上面菜码的味道都跟砂锅的相差甚远。

腐乳排骨

腐乳跟了排骨，也别忘了馒头

原来家里的一罐子腐乳，除了抹馒头就是和稀粥，这回可算找了个新欢——排骨。虽然用的是腐乳汁，但是那股腐乳的味道还是独特的，跟酱油、盐、糖等常规调料完全不是一个套路的。不过，如果不忘旧爱的话，这时候拿一个馒头来就着吃也是非常舒服的。

用料
- 猪排骨 500g
- 酱油 4 茶匙
- 腐乳汁 2 汤匙
- 糖 1 茶匙
- 料酒 1 汤匙
- 葱段、姜片各 10g
- 水淀粉 2 汤匙
- 油 500ml

1.排骨用少许酱油和水淀粉腌制 2.放入锅中炸至金黄后捞出 3.提高油温再次炸制 4.炸至深黄后捞出沥油 5.排骨放入锅中加入清水 6.放入酱油 7.收浓汤汁 8.加入腐乳酱翻匀，收干汤汁

做法

1 将猪排骨剁成小段，冲洗干净，然后放入清水中泡去血水，捞出沥干水分。由于稍后要进行炸制，所以水分要尽量沥干，以免溅油。将排骨用酱油和水淀粉抓拌均匀入味。

2 将糖、料酒、葱段、姜片放在一起制成调味汁料，此时可以加入约600ml水稀释，放在一旁备用，也可以不加水稀释，等到一会儿下锅之后再加水。

3 锅中放油烧至四成热，即手放在上面能略感到热气的时候，将排骨放入锅中低温炸制，变色定型后捞出，然后提高油温至八成热，再次放入锅中炸至表面微焦、颜色偏深棕色时捞出。

4 净锅中重新放入排骨，倒入稀释的调味汁，大火煮开后，中小火炖煮至排骨酥烂后，加入腐乳汁将汤汁收浓即可。

Tips 二次炸制看起来是不是很专业？其实只不过是利用不同的油温分别控制排骨的生熟与口感。第一次是为了让排骨均匀断生，第二次是为了让排骨更有咬劲。目的明确，步骤简单——做饭嘛，哪儿有那么多高深的道理……

橙汁拌翠衣

想起来唾液腺就激动

西瓜，皮色翠绿、果肉深红、清凉胜雪，一想起那沙甜如蜜的滋味就直流口水。

用料 ● 西瓜皮半个 ● 橙汁 125ml ● 橙皮少许 ● 柠檬 1 个 ●话梅 2 颗 ● 盐少许 ● 桂花酱 1 茶匙

做法

1 去除西瓜的绿色硬皮，挖掉红色果肉，将瓜皮切成丝；橙皮切丝。

2 烧开半锅水，加少许盐，放入西瓜皮汆烫约半分钟，待瓜皮由白色渐渐变成淡绿色即可捞出，用冰水浸泡一下，沥水备用。过冰水，是为了让西瓜皮的口感更脆。

3 话梅用适量开水泡软，挤入柠檬汁，加橙汁、桂花酱、橙皮，搅拌均匀做成酱汁，再放入冰透的西瓜皮（酱汁要没过瓜条），冷藏约 5 小时即可。

Tips 论解油腻，绝对首选酸酸甜甜的滋味，只需要一点，就可以让嘴里腻味全无。

酱焖大骨

肉不多，但是很耐吃

其实原本猪大骨都是用来煲汤的，因为上面的肉并不是很多，但是别忘了，这些都是离骨头最近的肉，以前都是支撑庞大重量的第一肌肉集团军，绝对是筋道美味。就算这么酱着吃了，依旧能用一种极度贪婪、略带原始的动作，把骨头啃个干干净净，就算跟这道菜大战 1 小时也不为过。

用料 ● 猪大棒骨 1000g ● 葱段、姜片 各 15g ● 八角 1 个 ● 桂皮 8g ● 料酒 1 汤匙 ● 老抽 2 茶匙 ● 生抽 2 茶匙 ● 盐 1/2 茶匙 ● 鸡精 1/2 茶匙 ● 白糖 1 茶匙

做法

1 将猪大棒骨冲洗干净，然后用清水浸泡，泡净血水。如果在购买的时候能让商贩帮忙把棒骨敲成两截更好。

2 将猪骨放入锅中，加入足量清水，水量基本上能够没过猪骨 5cm 左右，大火煮开后转小火，加盖熬制 40 分钟以上。

3 此时舀去一部分汤汁，使汤量基本约为原来的一半左右的时候，放入其余所有辅料和调料，小火继续炖煮 1 小时左右即可。时间的长短可以根据自己的口味喜好决定，喜欢更加酥烂的就延长时间，但是记住要用小火。

4 吃的时候可以准备一个小吸管，骨头中的骨髓可是这道菜的美味精华哦！

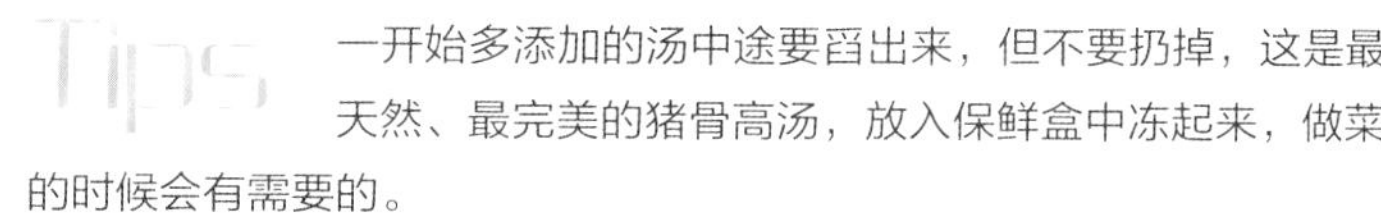

Tips 一开始多添加的汤中途要舀出来，但不要扔掉，这是最天然、最完美的猪骨高汤，放入保鲜盒中冻起来，做菜的时候会有需要的。

南瓜小排盅

用料

● 小南瓜 1 个 ● 猪肋排 300g ● 料酒 2 茶匙 ● 生抽 1 茶匙 ● 豆豉 1 汤匙

做法

1 将排骨洗净，用清水泡去血水，沥干水分后，用生抽、料酒、豆豉将排骨搅拌均匀，腌制入味。

2 将南瓜的顶部切去，然后将中心的籽和瓤掏出，制成一个南瓜盛器，将腌好的排骨放入其中。将南瓜整个用锡纸包起来，包严实一些。

3 烤箱预热至 220℃，然后用“水浴法”将包好的南瓜盅放入，220℃烤制 50 分钟左右即可。

1.腌制排骨 2.搅拌均匀 3.南瓜挖空 4.将排骨放入南瓜中 5.包上锡箔纸 6.放入烤箱烤制

是盛器，也是不可或缺的调味品

南瓜在童话世界中是一个经常出现的角色，但是在饭桌上，仿佛总是比较沉闷，变来变去就是那几个角色。其实它不仅是一个很好的盛器，更可以在充当盛器的同时给食物调味。因为南瓜天生的那种甘甜与清香，是什么调味品也无法模拟的。

Tips 所谓水浴法，就是在烤箱下面放一个耐热的容器，里面放上清水，这可以保持烤制食材的湿度，有些烘焙食品包括蛋糕之类都会用到这种方法。

酒香排骨

红酒是最别致的搭配

大口吃肉、大口喝酒太不斯文了，酒和肉最好的结合其实不是在饭桌上，而是在锅里面，用红酒烧制的排骨，说不出的香和甜，醉人但是绝对醉不倒你。

用料

● 猪肋排 750g ● 西红柿 1 个 ● 红酒 200ml ● 酱油 1 汤匙 ● 冰糖 1 汤匙 ● 油 适量

做法

1 将猪肋排洗净，切成均匀的小段，一般人不太容易在家剁出长短均匀的排骨段，所以最好在购买的时候就让商贩帮忙切好；西红柿洗净后，切成滚刀块备用。

2 取不粘锅，小火煎出肋排中的多余油脂。注意在煎制的时候，要用中小火力，以免锅内过热，一下子将排骨煎煳；同时，因为是无油烹饪，所以要注意勤翻，以防止排骨受热不均，产生粘连。放入西红柿继续煎制，待排骨吸收西红柿的汤汁后盛出。

3 将煎好的西红柿和排骨放入炒锅中，加入酱油和冰糖小火翻炒至冰糖溶化，放入红酒和适量清水，先用大火烧开，然后中小火慢慢收汁即可。

Tips 肋排要煎得均匀、外皮酥脆，这道菜才算成功。同时，也要注意，只有勤翻，才不会粘锅。

蜜橙小排

刚出锅就得赶紧吃

刚出锅的时候，这排骨夹起来甚至都能拉出丝，甜美诱人，而且还保留着橙子中那最具代表性的一点点酸和浓浓的香气，肉和水果就这样完美结合了。

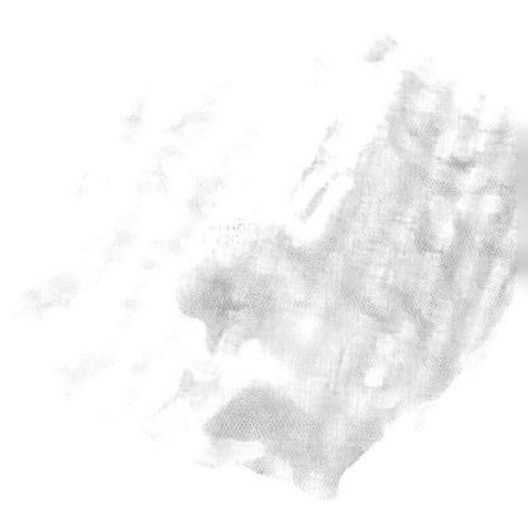

用料 ● 小排 500g ● 甜橙 1 个 ● 葱、姜、蒜粉 1g ● 红烧酱油 1 汤匙 ● 黄酒 2 茶匙 ● 冰糖 2 汤匙 ● 油 适量

做法

1 小排洗净，用黄酒和葱、姜、蒜粉抓拌均匀，腌制去腥。甜橙去皮，用多功能料理机打制成泥，滤出橙汁，另将少许橙皮切丝备用。

2 平底锅中放油烧热，将小排炸至表面微干，捞出沥油。锅中留少许油，加入冰糖炒成糖色。

3 小排重新入锅中裹匀糖色，将红烧酱油和橙汁加适量水稀释后倒入锅中，一般来说，水量只需要没过食材就可以了，但如果多放一些水，可以延长烹饪时间，让排骨更加入味软烂。开火将汤汁收浓，最后放入橙皮丝翻匀即可。

Tips 在汤汁即将收干的时候，转大火快速翻炒，火候得当的话还会得到外皮略微焦脆的美妙口感，但这必须注意两点：一是适度多放一点点冰糖；二是绝不能炒过火，否则就煳了。

芹菜炒藕丝

听声音就知道在吃什么

芹菜和藕都是很脆的东西，吃起来“咯吱咯吱”的，先不说味道如何，光是嚼起来就很有感觉。有时候，食欲其实也是听觉勾起来的，听见别人的腮帮子里面“咯吱咯吱”地响，吃得津津有味的，自己也不免想来上几口。

做法

1 将藕去皮、洗净、切丝，放入清水中浸泡。将芹菜、胡萝卜分别洗净，切成细丝，如果芹菜比较细，可以直接切成寸段。

2 红、黄彩椒洗净后，切成丝备用，此时藕应该泡得差不多了，将其取出沥干水分。

3 锅中放入橄榄油，烧至三成热左右，将胡萝卜丝放入先煸炒一下，看到橄榄油变色后，放入藕、芹菜、彩椒丝大火翻炒，待食材全部熟后，加入盐、鸡精调味即可。

Tips 芹菜中富含膳食纤维，如果吃得比较油腻，那么它就是一个不错的选择，而且芹菜很好做，清炒、凉拌，基本上都是几分钟就能解决的简单菜式。

八角酱排骨

光顾着闻香你就输了

闻着香吧？那当然了！这菜还没出锅的时候，就把人的胃口吊足了。不过还是奉劝一句，出锅以后别光顾着闻、嘴上夸赞不已，一会儿功夫就让别人都吃光了，你后悔也来不及。

用料 ● 猪排骨 400g ● 土豆 300g ● 豆瓣酱 30g ● 料酒 1 汤匙 ● 八角 2 颗 ● 姜末、酱油、油、糖、盐 各适量

做法

1 将排骨剁成小块，入沸水中焯至变色，捞起沥干，加料酒和姜末拌匀。土豆洗净、去皮、切丁备用。

2 锅内放油烧至七成热，下土豆翻炒至金黄，盛出备用。锅中加少许油，下排骨翻炒片刻，加入豆瓣酱和酱油炒匀。

3 加入适量水没过排骨，大火烧开后加入八角，转小火慢煮 25 分钟，加入土豆丁和糖。继续煮 5 分钟待汤汁收浓，加盐调味即可。

Tips 八角气味芳香，可以驱寒开胃。烧菜时放少许糖既可以提鲜调色，还能使汤汁更浓稠。注意放糖不宜过早，以免煳锅底，并且影响其他调味品的渗透。

蜜汁叉烧

都不知道自己被谁所俘虏

肉的外面是甜的，里面是鲜香的，这样的美味让人有些应接不暇。一边忙着用舌头享受蜜汁，另一边忙着嚼那越嚼越香的肉。叉烧肉作为地道的粤式拼盘主力，其实并不一定只能到副食店中去购买，自己在家做叉烧肉的挑战与成就感，操作的过程和享受的结果，也是这道菜的一份意外收获。

1. 制作腌料 2. 梅肉切成肉条 3. 拌搅均匀 4. 腌制入味 5. 将肉放入微波炉或者烤箱烤制成熟

用料 ● 猪梅肉 250g ● 盐 1/2 茶匙 ● 生抽 1 汤匙 ● 老抽 2 茶匙 ● 白砂糖 1 汤匙 ● 黄酒 1 汤匙 ● 蜂蜜 1 汤匙

做法

1 将猪梅肉切成 5cm 左右的粗扁条，然后放入沸水中略煮 1~2 分钟，这时将肉取出，应该是外熟内生，不要紧，也不要切开，将它放到一个比较深的容器中。

2 将白砂糖、蜂蜜和黄酒放入，搅拌均匀，充分腌制，时间最好控制在 2 小时以上。蜂蜜是给那些喜欢更甜口味的人预备的，如果不是喜欢很甜的人，可以不用放蜂蜜。

3 然后将生抽、老抽、盐放入，搅拌均匀，放入冰箱腌制一夜，这样味道才可以充分渗入肉的肌理当中。

4 腌制之后，肉会出汤，这些汤汁留用。将肉放入带有光波烘烤功能的微波炉或者 220℃ 的烤箱中，烤制 20 分钟左右。中途将事先留好的汤汁分次刷在肉上，烤制成熟，盛出切片即可。

Tips 先用甜味和酒香腌制，待其入味后再用咸鲜味调料腌制，如果这个顺序错了，甜味有可能就不能充分地渗透到肉的肌理了，因为肉中的水分已经被盐分析出了。

粉蒸排骨

好一番花尘粉黛

把排骨粉黛装饰一番，不仅会变得很漂亮，还会变得很好吃。排骨的美味足够分一些给外面的米粉，那种烘香的米香味跟排骨的肉香味结合之后，刚一出锅，那股香气真的是扑在脸上。毫不夸张地说，那种香味扑上来的感觉几乎是触觉……

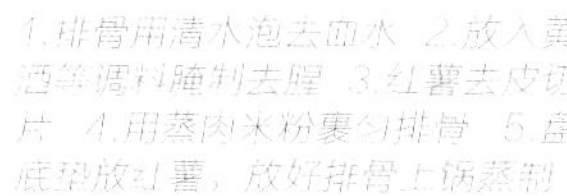

1.排骨用清水泡去血水 2.放入黄酒等调料腌制去腥 3.红薯去皮切片 4.用蒸肉米粉裹匀排骨 5.盘底垫放红薯，放好排骨上锅蒸制

用料

● 猪排骨 300g ● 红薯 1 个 ● 蒸肉米粉 50g ● 鸡汁 1 汤匙 ● 生抽 1 汤匙 ● 白砂糖 1/2 茶匙 ● 老抽 1 茶匙 ● 蚝油 2 茶匙 ● 黄酒 1 汤匙

做法

1 将排骨洗净，在清水中泡去血水，然后用生抽、白砂糖、老抽、蚝油、黄酒搅拌均匀，腌制入味，等到排骨将液态调料的汤汁吸进去一些的时候，将米粉放入裹匀。倒入稀释过的鸡汁搅匀。

2 红薯去皮洗净后，切成大片备用。生红薯皮没有那么容易去掉，就用刮皮器，刮好后冲洗一下红薯就可以了。

3 取一个容器，先铺上一层红薯片，然后将排骨放上摆好。锅中烧热水之后，将排骨上锅蒸制 40 分钟以上，至排骨熟透即可。

Tips 如果想要自制米粉，也是不错的选择，虽然麻烦了点，但是成就感会更强。基本是将大米放入铁锅中，用中小火不断翻炒至米粒成金黄色，然后盛出晾凉，再放入食品加工机中磨成米粉。当然，米粉不要磨得太细，有一些颗粒感的更加不错。每次多做一些，放入密封容器中储存即可。

豉椒蒸排骨

不肥不腻，怎么也吃不腻

猪肋排里面有一些脂肪，如果烹饪不得当的话，很容易就会有肥腻的感觉，但是这种蒸的排骨就没有这个问题，蒸的火候到了，不仅肥肉中的油脂都流出了，而且瘦肉也因为这段时间的桑拿变得十分软嫩。也就是因为家里的蒸锅个头不够，否则这道菜上桌后还能够多支撑两分钟才被抢光。

1.将豆豉等食材剁细备用 2.用调味汁抓拌排骨腌制 3.静置片刻至入味 4.将排骨装盘放入蒸锅 5.蒸熟后取出

用料

● 猪排骨 400g ● 姜 5g ● 大蒜 3 瓣 ● 小辣椒 2 根 ● 白胡椒粉 2g ● 糖 1/2 茶匙 ● 豆豉 1 汤匙 ● 料酒 1 汤匙 ● 香葱粒 10g ● 香油 少许

做法

1 将排骨用砍骨刀剁成 5cm 长的段，再分切开成小段，用清水洗净，放入沸水中焯烫，撇去血沫后捞出沥干水分，或者可以浸泡一会儿，泡净血水后冲洗干净。

2 将豆豉剁细，然后将小红辣椒切碎，姜去皮切末，大蒜拍松去皮，然后切碎。将所有剁细的调料混合在一起，加入料酒、白胡椒粉、糖搅拌均匀制成调味汁。

3 将调味汁和排骨放在一起搅拌均匀，将排骨放入盘内，上锅蒸熟。盛出后撒入香葱粒和少许香油即可。

Tips 如果排骨入味够深厚的话，剩下的豆豉和辣椒，可以用来拌米饭，绝对是下饭一流的圣品。

凉拌茄子

热茄子烫嘴么？先吃这盘

从小到大吃过各种茄子，烧茄子、炸茄盒、炖茄子等，不胜枚举。毫无疑问，茄子是个好吃的家伙，可是烫嘴也是不争的事实。这下好了，来了一盘凉拌的，一样好吃，而且不烫嘴，家里不来客人的话，你甚至可以放肆到用手拿着吃。

用料 ● 长茄子 1 根 ● 大蒜 3 瓣 ● 小红辣椒半根 ● 香菜 2 棵 ● 糖 2g ● 生抽 1 茶匙 ● 橄榄油 2 茶匙

做法

1 将长茄子洗净，不用去皮，把蒂去掉就行。因为茄子中含有丰富的维生素 P，而这种比较少见的营养成分绝大部分都在茄子的皮中。

2 将茄子切成 3cm 左右的小长段，焯熟捞出沥干水分，自然冷却。然后将蒜拍松，去掉外皮，用压蒜器压成蒜蓉，香菜洗净，择去老叶，去根切成碎末，小红辣椒洗净，切成碎末。将这三种食材加入生抽和橄榄油，搅拌均匀制成调味汁。将长茄子放入盘中，淋入调味汁即可。

Tips 茄子吸附油脂的能力很强，而且其中的膳食纤维也能够帮你清理肠道，清爽的味道也很适合清口。如果用来解油腻，凉拌的茄子是最合适的。

牛蒡排骨煲

汤比肉要鲜多了

用排骨煲汤，请把你的视线转移到汤水本身吧。肉的精华全都化在了汤里，虽然形态保持得还很完整，但是化成水一样的肉香味，带着牛蒡和胡萝卜的清香，你不需要嚼，只需要慢慢地让它流过舌尖，然后咽下就可以了。

用料
- 猪排骨 500g
- 牛蒡 250g
- 胡萝卜 1 根
- 姜 15g
- 盐 适量

做法

1 在购买腔排的时候，记得请商贩代劳将其砍成小段，回家后洗净，反复多浸泡几遍，将血水泡净。或者可以飞水撇去血沫，捞出备用。

2 牛蒡洗净去皮，切成小段后，放入盐水里浸泡一下；胡萝卜洗净，切成滚刀块；姜洗净切片备用。

3 将猪腔排、牛蒡、胡萝卜、姜片放入汤煲中，大火煮沸，保持 10 分钟左右，转小火煲煮 1 小时以上，喝之前加盐调味即可。喝汤的时候，最好是根据自己的口味酌量加盐，如果在煲煮的时候就加盐，会影响肉的口感，而且汤的味道也不自然。

Tips 这道汤里面，胡萝卜可以多放一点点，因为胡萝卜有一股清甜的气息，融在汤里面，和肉鲜味搭配，非常不错。

秘制酱肘子

每一个自称的“秘制”都是家传绝学

中国菜里面有不计其数的“秘制”，这里面有着无数的家传绝学，其实真正的秘密并不是调料配方本身，而是不同的人用同样的配方，做出的东西也是不一样的。真正的秘密，全都要靠自己的日积月累，心中那一碗老汤的味道有了足够的积淀，做出的菜味才够正。

用料 ● 猪肘1个 ● 葱段、姜片 各15g ● 花椒 8g ● 八角 2 颗 ● 桂皮 8g ● 香叶 2 片 ● 冰糖 25g ● 黄酱 35g ● 生抽 1 汤匙 ● 花雕酒 1 汤匙 ● 油 1 汤匙

1.猪肘去骨 2.抹匀黄酱 3.炒制香辛料 4.加入肘子肉和清水熬煮 5.将熬好的肘子放在纱布中 6.用纱布将其包裹 7.用线绳扎紧 8.取出切片

做法

1 将猪肘去骨，基本方法是割开一侧的皮肉，深至骨，然后沿着骨肉的外侧将骨取出。

2 取1汤匙黄酱在肉上抹匀，腌制至少40分钟，使其充分入味。然后将腌好的肘子放入水中大火煮开，捞出沥干水分。

3 锅中放油烧至温热，放入捣碎的冰糖，小火慢热，将糖炒化成棕红色糖浆，再放入剩下的黄酱，翻炒均匀。然后放入葱段、姜片、花椒、八角、桂皮、香叶炒匀出香味，再将肘子放入。

4 加入生抽、花雕酒以及适量清水，水没过肘子一半以上的位置就可以。大火煮开之后，小火炖煮1小时，让香料和调料的味道全部融入肘子肉当中，此时肘子应该已经变成比较深的颜色了，打开锅盖，再浸泡片刻。

5 将肘子取出后，用纱布包紧，用线绳扎紧，放入冰箱中冷藏一夜，取出后切片即可。

Tips 生的肘子比较容易绑卷，但是如果先绑后酱的话，不如这里的做法更加入味，所以为了好味道，费力一些也认了。

炸猪排

那一盘子渣也绝不能放过

许多路边摊卖的炸猪排都很坑爹，肉又紧又干，自己家做的就完全是另一个样子了，精心腌制的猪梅肉，鲜嫩多汁，而且裹着面包粉，炸完了香喷喷的。每个人都拿着各种餐具，或者直接赤手空拳地等待着它的登场，不过要记住，就算是盘中剩下的面包糠，也是极品美味，说什么也不能扔下。

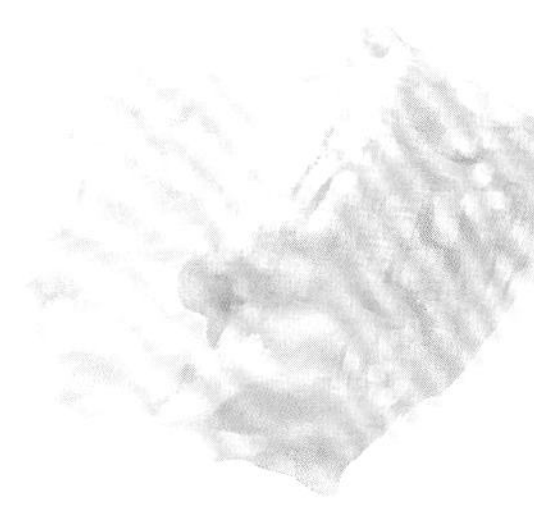

用料 ● 猪梅肉 250g ● 盐 1/2 茶匙 ● 鸡粉 1/2 茶匙 ● 葱姜蒜粉 2g ● 鲜味酱油 1 茶匙 ● 白胡椒粉 2g ● 白兰地 1 茶匙 ● 面粉 适量 ● 鸡蛋 1 个 ● 面包糠 适量 ● 泰式甜辣酱 适量 ● 油 500ml

做法

1 将猪梅肉片成 5mm 的片，在水中略冲洗干净。梅肉属于肥瘦相间的肉，肥肉和瘦肉在下刀的力度上有所不同，所以如果在梅肉完全化开的时候会很不好片切。如果能够将其冷冻一下，使其有一些硬度，会好切许多。

2 将切好的猪梅肉，用盐、鸡粉、葱姜蒜粉、鲜味酱油、白胡椒粉、白兰地混合均匀，搅拌腌制，腌制时间至少在 1 小时以上。

3 利用腌制的时间，把鸡蛋打散，和面粉搅拌均匀，制成和粥差不多黏稠的面糊，如果用量没有掌握好，可以在后期灵活调节面粉和水的用量。

4 锅中放油烧至六成热，将猪肉裹上面糊，然后均匀地裹一层面包糠，入锅中火炸制，看到肉片略硬并且表面金黄的时候，捞出沥油，搭配泰式甜辣酱蘸食即可。

Tips 炸制的肉类大多需要挂糊，一是为了制造更加香脆的外皮口感，而更重要的是为了保持肉中的水分，使其鲜嫩如初。在挂糊的时候要注意糊的黏稠程度，稠糊厚，稀糊薄，可根据自己的需要调节。

香蒜炸排骨

用料

● 猪肋排 350g ● 大蒜 1 头 ● 盐、鸡精 各 1/2 茶匙 ● 花椒粉、白胡椒粉 各 1g ● 白砂糖 1 茶匙 ● 酱油、黄酒 各 1 汤匙 ● 油 500ml

做法

1 将猪肋排切开，大蒜去皮洗净后切成蒜末，将其中 1/4 的蒜末和排骨放在一起拌匀。在排骨中放入盐、鸡精、花椒粉、白胡椒粉、酱油、黄酒、白砂糖搅拌均匀后腌制 30 分钟。

2 锅中放油，待油温四成热时，将腌好的排骨分次下入，炸至两面金黄后盛出沥油。提高锅中油温，约六成热时将排骨全部下入锅中，复炸 10 秒左右，盛出沥油。

3 用余油将剩余的蒜末用小火慢慢炸至金黄后盛出，撒在排骨上即可。

Tips 蒜末宜用小火慢慢炸香，如火力过猛，会将蒜末炸煳，香气尽失。

会吃的先吃蒜

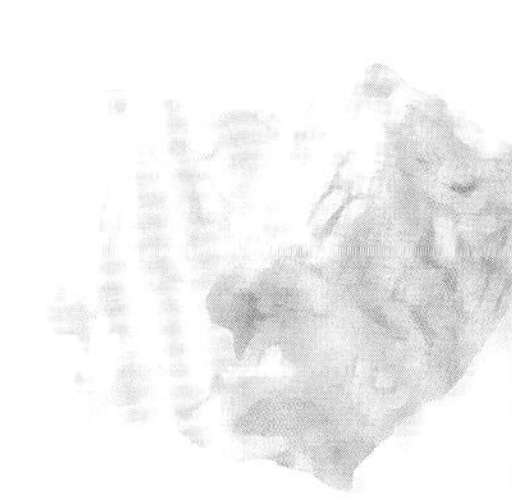

从闻到蒜香的那一刻，就已经坐不住了。在巨大的欲望驱使下，忍着烫手的骨头，小心翼翼地夹起一根肋排而不让上面的蒜末掉落太多，一口咬下，鲜甜的汁水裹着浓浓的蒜香，肉本身还带着一股韧劲——这就是蒜和肉的完美搭配。

排骨伴侣

芹菜煎饼

把它当成主食吧

一般来讲，把菜和主食合为一体的，都是让人吃起来没完的主食，糊塌子、扬州炒饭等，都是如此。这份蔬菜煎饼，一样是让你拿起来卷着吃，尝到一点芹菜和蘑菇的香气就吃不停的那种。

用料 ● 面粉 80g ● 生粉 50g ● 鲜香菇 2 朵 ● 芹菜 50g ● 红椒末 15g ● 盐、鸡精 各 1/2 茶匙 ● 糖 2g ● 白胡椒粉 1g ● 油 2 汤匙

做法

1 将面粉和生粉混合，加入适量清水，将其制成黏稠的面糊，黏稠程度尽量与很稠的粥类似。

2 将鲜香菇洗净，注意菌褶里面要仔细清洗，将其切成碎末，越碎越好。芹菜洗净后一样照此办理。如果芹菜的纤维较粗，可以先将其剔除，再切末。

3 将香菇碎、芹菜末、红椒末、盐、鸡精、糖、白胡椒粉一起放入面糊中，充分搅拌均匀。

4 锅中放油烧至七成热，将面糊舀出一勺，摊平后两面煎熟，直至将所有面糊都煎熟制成圆饼即可。

Tips 再怎样大鱼大肉地吃，也不能忘了主食，主食是人体的基本需求，作为对肠胃的一个铺垫。

玉米排骨汤

再好喝也要斯文点

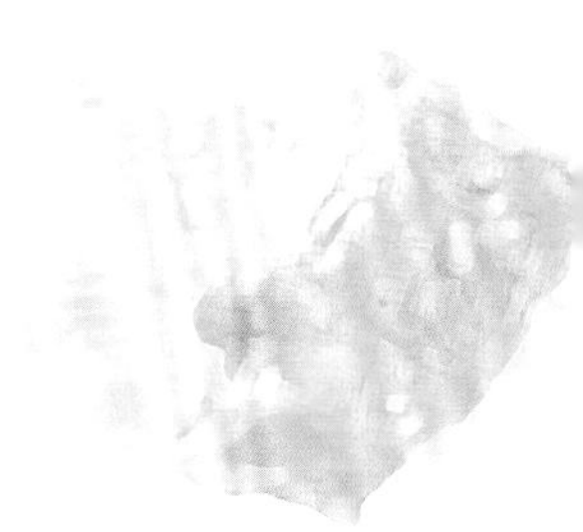

肉的原味很鲜，尝过这煲汤你就会知道。吃肉不一定要极尽豪迈，也可以这样温柔细品，排骨之中有着淡淡的玉米和萝卜的清甜，如果炖的火候足够，排骨的口感应该和汤水一样柔软、香滑。

用料

● 排骨 400g ● 玉米 150g ● 胡萝卜 100g ● 姜片 10g ● 盐 1 茶匙

做法

1 将排骨洗净，放入冷水用中大火烧沸，焯烫 2 分钟后盛出，过冷水洗去浮在肉表皮上的脏物。因为排骨的骨头中，含有很多的血水，这些血水如果不去除，会让成菜当中有腥味。所以一般都要经过这样一个“飞水”的过程。

2 将玉米洗净、切段；胡萝卜洗净、去皮，切滚刀块。

3 将排骨、姜片放入汤煲中，加满清水，大火煮开，改小火煨煮 1 小时，下入玉米、胡萝卜再煨煮 20 分钟。喝时加盐调味即可。

Tips 要想排骨汤的味道更醇鲜，焯烫飞水的步骤可不能少，否则会有腥味。

步步高升排骨

不光名字好听

炖煮后的排骨，虽然一咬肉就从骨头上剥离，但是肉本身的那股韧劲依旧，让你有足够的理由可以把每一丝纹理中的鲜甜榨取干净之后再下咽。吃完之后，每根骨头也难免要吮吸一下，并把剩下的汤汁浇到米饭上，这就叫照单全收，毫无浪费。名字因其逐渐变化的调料而来，有步步高升的含义。

用料

● 猪肋排 400g ● 盐 1/2 茶匙 ● 料酒 1 汤匙 ● 黑醋 2 汤匙● 白糖 3 汤匙 ● 酱油 4 汤匙 ● 水 5 汤匙 ● 油 2 碗

做法

1 将猪肋排切段、洗净；锅中倒油，烧至四成热，放入肋排大火煸炒至色泽金黄。注意放入排骨的时机，不要等到油温过高的时候放入，否则一下子表面就被炸焦了，里面却还是生的。用温油炸制，在提高油温的同时，让排骨内部均匀受热，最后，才能形成“外焦里嫩”的口感。

2 将煸好的排骨盛出，沥干油脂。因为排骨中含有一定的油脂，所以为了避免口感过于油腻，这个时候要尽量沥干。

3 锅中下入料酒、白糖、醋、酱油及清水，大火煮开后改中火焖煮至汤汁浓稠，加盐调味盛出即可。

Tips 注意调料添加的顺序，每种调料放入之后，都要充分炒匀之后再添加下一味调料，这才叫“步步高升”。

牛骨最韧

牛扒、牛尾之类的东西，吃过一次就能惦记两个月，不仅是因为它的香味，更因为它那种韧劲十足的口感。

番茄炖牛尾

香得连骨头都不想剩下

牛尾的软烂浓香，吃过一次的话，很长时间都不会忘记，浓郁的酱香和牛尾的口味很搭，浸在汤汁里的蔬菜也是浓香四溢。尤其是吃第一口的时候，那种美味都能让你瞬间忘掉一切，要不是因为骨头比较硬，真想连骨头都吃掉。

用料 ● 牛尾 350g ● 胡萝卜 1 根 ● 番茄 2 个 ● 姜片 5g ● 八角 1 个 ● 花椒粉 2g ● 香叶 1 片 ● 鲜味酱油 1 汤匙 ● 鸡汁 2 茶匙 ● 黑胡椒粉 1/2 茶匙 ● 番茄酱 1 汤匙 ● 橄榄油 1 汤匙

1. 清洗牛尾，去掉多余肥油
2. 焯烫牛尾，撇去浮沫捞出沥水
3. 胡萝卜切滚刀块
4. 番茄去皮
5. 锅中爆香姜片
6. 放入牛尾和胡萝卜炒匀
7. 加入适量清水和调料
8. 煮沸后继续小火收浓汤汁

做法

1 将牛尾洗净，上面可能有一些多余的油脂，尽量将它们去除干净。

2 锅中放入适量清水，放入牛尾后大火烧沸，撇去浮沫后，将牛尾捞出沥干水分。

3 焯烫牛尾的同时，将胡萝卜洗净，切成滚刀块。番茄洗净后，在一端将皮划破成十字，用沸水烫一下之后，将皮撕下，切块备用。

4 锅中放入橄榄油烧热，煸香姜片后，放入牛尾煸炒至变色，然后加入胡萝卜炒匀。

5 移入炖锅或烧热的砂锅，加入番茄和适量清水，大约没过食材就可以，然后放入八角、花椒粉、香叶、鲜味酱油、鸡汁、黑胡椒粉、番茄酱，大火煮沸后，小火将汤汁收浓即可。

Tips 要炖到牛尾软烂才好，但是可能需要一些时间，如果想省时间，可以尝试采用高压锅烹饪。

黑椒牛仔骨

想起它就是

牛仔骨绝对是西餐的最爱，西餐中，黑椒汁是不能错过的经典。于是，这道菜深受众人青睐。牛肉的鲜汁和画龙点睛的一点点油脂都留在了肌理当中，每嚼一下，那些精华就释放到了口中，那种美味，都会让自己有一些不舍得下咽的感觉。

1.牛仔骨撒上调料腌制 2.正反两面蘸匀调料，最好用手按摩肉排 3.土豆和芦笋洗净，分别切成等长等粗的条 4.将土豆和芦笋摆在垫放了锡箔纸的烤盘中 5.将牛仔骨放在其上 6.放入烤箱烤制成熟 7.利用烤制的时间熬制黑椒汁 8.将调味汁淋在烤好的牛仔骨上

做法

将牛仔骨洗净，泡去血水后，用1茶匙的黑胡椒粉和1/2茶匙盐、葱姜蒜粉、橄榄油腌制备用。将芦笋和土豆洗净，芦笋去老皮后切段，等大等粗的条，放入清水中泡去多余的淀粉，用剩下的盐和黑胡椒粉（约3g）拌匀。

腌制的过程中，尽量多给肉做按摩，使其入味更加充分。将烤箱预热至200~220℃。

将所有食材放在烤盘中，入烤箱烤制20分钟左右后盛出。将黑椒酱加少许水熬浓熬香后，淋在上面即可。

牛肉的肌肉纤维比较粗，所以在腌制的时候，需要将其略微锤松，这里在腌制的时候给它做的“按摩”也是为了这个目的。这道菜一定不要吝惜下手，越是腌制充分，享受的时候就越完美。

荷叶牛骨

从未被模仿，更从未被超越

其实调味的最高境界就是取材自然，让人体味到最原本、最真实的香气。这种香气是模仿不出来的，那么就更别提超越了。用荷叶包裹的牛肉牛扒，荷香十足，而且油腻全无，颇有一股返璞归真的气息。

用料 ● T 骨牛扒 250g ● 荷叶 1 张 ● 盐 2g ● 蚝油 1 汤匙 ● 黑椒酱 1 汤匙 ● 鲜味汁 少许 ● 现磨黑胡椒碎 2g

做法

1 将 T 骨牛扒放在清水中浸泡，泡净血水后冲洗干净。如果想省事的话，可以不用剔除骨头，直接带骨蒸制。

2 先用盐将牛肉涂抹均匀，略腌片刻之后，再将黑椒酱、蚝油放入，将牛肉腌制入味，腌制的时候最好多用手按压，轻轻搓揉，让牛肉的肌理更加松弛，方便调料的味道融入其中。

3 牛肉腌好之后，将现磨黑胡椒碎均匀地撒在上面。然后将荷叶洗净，包好排骨，放入已经将水烧沸的蒸锅中，蒸制 1 小时以上。

4 出锅后掀开荷叶，趁热淋上几滴鲜味汁，闻到香味即可。

Tips 有一些调料并不是放得越多越好，像这道菜中的鲜味汁就是如此，趁热滴上几滴就可以。如果放多了，一是会抢了肉的味道，二是不能借着热气很好地提香提鲜了。除此之外，香油也是如此。

三杯牛小排

Tips 罗勒是一种西式的香草调料，但是在擅长兼收并蓄的粤菜中使用颇多，借用热气将其中的香气烘托出来，可以让整道菜的滋味更上一层楼。这里推荐大家使用的，是较为清香的鲜罗勒叶。

有多少人拜倒在这三杯汁的香气中

三杯汁，实在是家常菜中最具名气的复合调料之一，用它烹饪的菜式众多，而且个个都是非常受欢迎的热门菜。久而久之，这“三杯”二字，俨然成为一个美味的象征，凡是带这两个字的菜，一定不会辜负自己的嘴巴。

用料 ● 牛小排 400g ● 洋葱 50g ● 面粉 适量 ● 小红辣椒 1 根 ● 姜丝 15g ● 大蒜 5 瓣 ● 酱油 1 汤匙 ● 蚝油 2 茶匙 ● 米酒 1 汤匙 ● 盐 2g ● 白砂糖 4 茶匙 ● 番茄酱 1 汤匙● 麻油 2 茶匙 ● 新鲜罗勒叶 30g ● 油 400ml

1.将拍松的牛小排裹匀面粉 2.将牛小排放入锅中略煎 3.两面变色之后盛出备用 4.锅中爆香姜蒜 5.放入牛小排 6.放入酱油和蚝油制成的调味汁 7.放入白砂糖 8.加入番茄酱和米酒 9.汤汁将要收干的时候，撒入罗勒

做法

1 将牛小排用清水泡净血水，然后用盐抹匀，略拍松，用面粉裹匀备用；洋葱洗净切片；小红辣椒斜切小段；罗勒洗净，略切散备用。

2 先在锅中放入少许油，将牛小排放入煎至两面微微变色后，盛出备用。锅中放入油烧至五成热，将姜丝放入煸至表面微焦后放入大蒜，煸出香味，将其捞出放在一旁沥油备用。

3 将牛小排放入，以六成热油温炸至表面焦黄定型，五至六成熟后捞出，和姜、蒜放在一起沥油备用。

4 锅中放入麻油，将洋葱和小红辣椒爆香后，加入牛小排和姜、蒜、酱油、蚝油，然后放入米酒、白砂糖、番茄酱，翻炒均匀，将牛小排炒熟，大火收干汤汁。

5 利用收干汤汁的时间，烧热一个砂锅，下面垫放 10g 罗勒，牛小排收干汤汁后也放入 10g 罗勒翻炒均匀，盛入砂锅中，再摆好剩下的罗勒，盖盖即可。

芥菜豆腐羹

这就是温柔乡

在外面风吹雨打不管有多劳累，到了家有这么一碗汤羹等着你，就会温暖许多，把家当作温柔乡的人，大多都曾经受到过回家之后一碗汤的款待，让自己爱上那种回家的感觉，爱上回家路上的期待。

用料 ● 芥菜 200g ● 豆腐 200g ● 水淀粉 2 汤匙 ● 鸡汁 25ml ● 白胡椒粉 2g

做法

1 将豆腐切成 1cm 左右见方的小碎块，然后将芥菜洗净，切成大小相仿的小碎末。注意芥菜外面可能会有一层比较坚硬的老皮，在切之前，需要将其削掉，如果是比较嫩的芥菜，就不会有这个问题。

2 锅中放入适量清水烧开，水量基本在 1500ml 左右就可以，大火烧开后，转中火，将所有食材放入，加入鸡汁搅拌均匀。

3 等到再次煮沸的时候，将水淀粉放入，勾浓汤汁，盛出后撒入胡椒粉即可。

Tips 在吃肉的时候，最好不要用那些碳酸饮料来代替本应有的汤羹，喝下这些汤，你会觉得油腻不再，而且也不会觉得口干舌燥的想大量喝水，因为汤是对身体最温柔的呵护。

果香酱烤牛小排

用料

● 牛小排 300g ● 洋葱 50g ● 苹果 1/2 个 ● 大蒜 4 瓣 ● 烧烤酱 4 茶匙 ● 红葡萄酒 2 茶匙 ● 水淀粉少许

做法

1 将牛小排用清水浸泡，泡净血水后冲洗干净，沥干水分。洋葱洗净后切成丝，如果很呛眼睛的话，将洋葱丝放入清水中浸泡备用。苹果洗净后用食品加工机打制成蓉，大蒜拍松去皮，洗净后用压蒜器制成蒜蓉。

2 将牛小排用烧烤酱和红葡萄酒抹匀腌制入味，然后均匀地撒上苹果泥和蒜蓉，静置片刻入味后，将其放在锡箔纸上，撒入洋葱丝，然后用锡箔纸将其包好。

3 烤箱预热至 180℃ ~200℃，放入锡箔纸烤制 30 分钟至熟透。将牛小排盛出，但是锡箔纸里的汤汁不要丢弃，放入锅中加入水淀粉熬浓之后，再次浇在牛小排上即可。这样一来，风味、品相更上一层楼。

边嚼边看众生吃相

肉类的黄金搭配中，你决不能把水果忘记，水果的甜美与牛小排结合，会给人带来与众不同的香甜享受。这道菜外面裹着一层浓香而且甜美的果酱，外带蒜泥一旁助威，估计每个人的吃法都会不一样吧！有先舔后啃的，有直接大口嚼的，看看各人的吃相也是件很有意思的事情。

Tips 这道菜在烤制的时候最好要放上锡箔纸，因为果酱容易被烤焦，所以为了保持表面汁酱的味道和色泽，要尽量包裹锡箔纸。而且这样做可以保存一些酱汁，在最后熬浓勾芡的时候会用到。

焗烤牛小排

可以选择优雅，也可以选择疯狂

说得优雅一些，这道菜是西餐中的温婉味道，柔美的奶香中包裹着牛小排，如果用直白的表示方法的话，这道菜绝对是硬货！分量够足，味道够正，吃完一盘绝对是心满意足，嘴里留着那挥之不去的奶香味，独自卧在沙发上陶醉许久。

用料

● 剔骨牛小排 250g ● 盐 2g ● 黑胡椒粉 2g ● 奶油 1 汤匙 ● 红葡萄酒 1 汤匙 ● 意面用的洋葱蘑菇酱调料 4 茶匙 ● 奶酪 40g

1. 牛小排洗净略腌 2. 锅中热熔奶油 3. 加入红酒煎制 4. 牛肉放入容器中覆盖洋葱蘑菇酱 5. 奶酪擦碎放在上面 6. 放入烤箱烤制

做法

1 将剔骨牛小排洗净，用盐和黑胡椒粉略腌。腌制的过程中，可以用肉锤将其轻轻锤松，以便更加入味以及可以让口感更加松香。

2 平底锅中放入奶油，小火热至融化，然后放入腌好的排骨。改中火，将牛排肉煎至五分熟，然后烹入红葡萄酒，晃动锅身，一面防止牛排肉粘锅，另外也让酒香充分烹入牛肉中。

3 等到酒香基本挥发干净了，将牛肉盛出，放入烤盘中，将意面用的洋葱蘑菇酱调料放入拌匀，这种调料中一般含有番茄酱、蘑菇、黑胡椒、盐以及洋葱粒，等等。然后再将奶酪擦碎撒在上面。

4 将烤箱预热至 180℃，将烤盘放入烤箱中，烤制 10~15 分钟左右，看到表面金黄即可。

Tips 洋葱蘑菇酱其实自己做也不难，把 1 汤匙奶油热熔后，用它炒香 10g 蒜末和 40g 洋葱末，然后再放入 80g 的口蘑末一直炒至熟软，然后放入 1/2 茶匙左右的盐、1 茶匙鸡精、少许意大利什香草（即混合的香草干粉末）、番茄酱和适量清水调至合适的浓稠程度即可。

砂锅牛腱

用料 ● 牛腱肉 500g ● 冬笋 80g ● 葱段、姜片 各 10g ● 五香粉 1g ● 盐 1/2 茶匙 ● 白砂糖 1/2 茶匙 ● 鸡精 1/2 茶匙 ● 料酒 1 汤匙 ● 酱油 4 茶匙 ● 花椒粉 1g ● 油 100ml

越嚼越带劲的肉

牛腱肉是牛身上最带劲的一块肉了，它本身不仅充满着力量感，肌腱、肉筋等交错，而且吃起来的口感更加带劲，即便是炖到很软烂了，嚼在嘴里都是非常有韧性的。在这种纯口感的诱惑下，或许味道都已经放在其次享受了。

做法

1 将牛腱肉洗净，剔除筋膜、老皮以及多余的脂肪，然后将其切成 2~3cm 见方的块；另将冬笋洗净，也切成大小相似的块备用。

2 锅中放油烧至六成热，即手掌放在锅的上方能感到明显的热气时，将牛腱肉放入煸炒，使其基本定型，大约中火炒制半分钟以上，就可以盛出放入砂锅中了。

3 将葱段、姜片放在原来煸炒牛腱肉的锅中，加入约 300~400ml 温水煮开，倒入砂锅中，加入盐、白砂糖、鸡精、五香粉、料酒、花椒粉，煮沸后撇去浮沫，放入冬笋，小火炖至牛腱肉软烂即可。

Tips 这种牛肉在去掉筋膜和老皮之后，因为里面的肌腱很丰富，所以切起来颇有点“滚刀肉”的感觉，可以选择用比较快的刀具进行划切，而不是单一垂直向下施力，用前后反复划切的动作，会容易一些。

姜汁柠檬牛仔骨

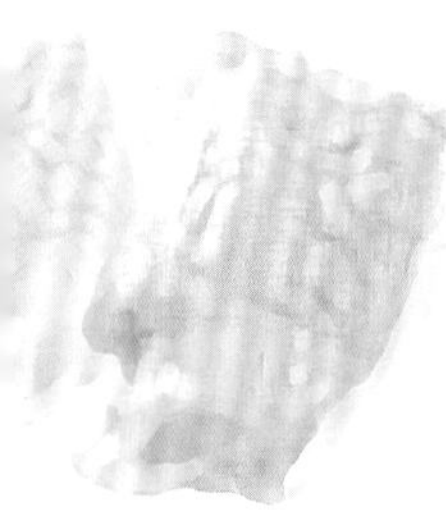

看清楚里面还有块骨头，小心咯牙

裹着一层浓浓的酱汁，色泽红润的牛仔骨，带着柠檬的清香，不用说，自然能够比普通的略带肥腻的牛仔骨让人多吃下几块。吃的时候可要小心点，不要以为这是一大块肉，然后就在美味的诱惑下肆无忌惮大口开咬，小心被骨头咯到牙。

用料

● 牛仔骨（厚片）400g ● 鲜姜 50g ● 鸡汁 2 茶匙 ● 番茄酱 1 汤匙 ● 蚝油 2 茶匙 ● 柠檬汁 1 汤匙 ● 盐、现磨黑胡椒碎 各 2g ● 鲜味汁少许 ● 橄榄油 2 汤匙

1.将牛仔骨用盐和黑胡椒碎腌制 2.制作调味汁 3.将牛仔骨放入锅中煎至变色 4.小火继续煎至颜色变深 5.淋入调味汁 6.收浓汤汁

做法

1 这里使用的是加工好的横截片状的牛仔骨，一般家庭的刀具是无法完成的，所以如果实在买不到，可以将买来的牛仔骨肉剔下来，制成无骨版的。将牛仔骨先用清水泡去血水，冲洗干净后沥干水分，用盐和黑胡椒碎抹匀，腌制 30 分钟左右。

2 鲜姜洗净，放入榨汁机中榨取鲜姜汁，将其与鸡汁、番茄酱、蚝油、柠檬汁放在一起，加入约 250ml 水搅拌均匀，制成调味汁。

3 锅烧热后放入橄榄油，烧至三成热，即可以略微感到热气的时候，放入牛仔骨中火煎制，当牛仔骨表面微焦的时候，倒入调味汁，大火烧开后中火收汁。最后淋入几滴鲜味汁即可。

Tips 这种煎烧的方式，很适合这种已经被初加工过的小块头排骨。在煎的时候，不仅可以挥发多余的油脂，还可以让肉的表面微焦，提升口感，而随后的烧可以省去许多腌制时间，改为烧制入味，同样美味。

菊花菜炒冬笋

多大一盘都不会剩

北方叫它菊花菜，南方叫它塔菜，味道清香，即便仅仅是加一点点盐，也可以很好吃。和鲜美的冬笋搭配，就更加好吃了，大鱼大肉之余，用这样的清新小菜搭配最是相宜。

用料 ● 菊花菜（塔菜）1棵 ● 冬笋150g ● 盐2g ● 鸡精1/2茶匙 ● 白砂糖2g ● 油1汤匙

做法

1 将菊花菜上的每个叶片拆下来，洗净后沥干水分，冬笋洗净后，切成薄片备用。

2 锅中放油烧至四成热，也就是手掌放在锅的上方可以感觉到明显热气的时候，将冬笋放入煸炒2分钟左右。

3 然后放入菊花菜，快速炒匀，看到菊花菜的颜色变成油亮的翠绿并且略微变软的时候，撒入盐、鸡精、白砂糖，快速翻炒均匀即可。

Tips 肉类大多调味都很重，吃多了之后，无论吃什么都不觉得香，是因为舌头有些“审美疲劳”了，在浓重的口味之余，搭配这样的清淡味道，是一种不错的中和。

轻拿轻放，抖落的芝麻都是损失哦

上面的芝麻可都是美味的关键，这东西毕竟不像面糊一样裹得那么结实，所以拿起来的时候，要小心轻放，掉下的芝麻越少，吃起来就越 high。其实里面只是用基本的调料腌制一下，只要有了外面的芝麻，就算你厨艺不精，也能让人吃得非常痛快。

用料 ● 牛里脊 250g ● 熟白芝麻 50g ● 鲜味酱油 1 汤匙 ● 盐 2g ● 料酒 2 茶匙 ● 白胡椒粉 2g ● 白砂糖 1/2 茶匙 ● 鸡蛋 1 个 ● 面粉 适量 ● 油 500ml

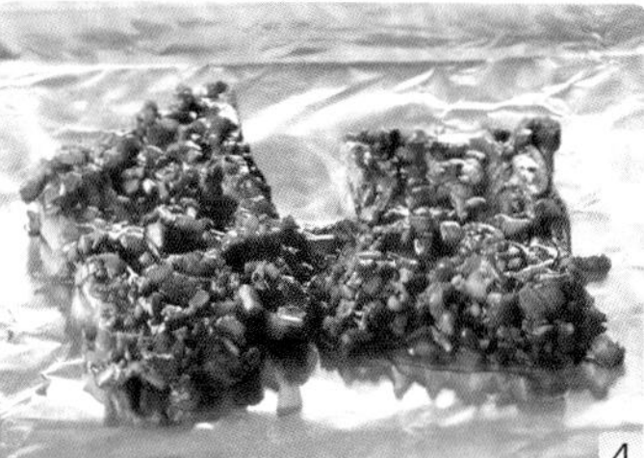

1.将牛肉切成条，拍松 2.加入调料腌制 3.制作蛋糊 4.牛柳裹匀蛋糊后裹上一层芝麻 5.放入锅中炸制

做法

1 将牛里脊洗净，去掉表面筋膜，用刀背轻轻拍几下，将其肌理拍松；将牛里脊切成粗细约为 1cm 的条状；将鸡蛋打散备用。

2 牛柳用盐、料酒、白胡椒粉、鲜味酱油、白砂糖搅拌均匀，腌制入味。将蛋液中混入面粉，制成黏稠程度跟粥差不多的面糊。如果一下子面粉加多了，就再加一些水进去。

3 将腌好的牛柳裹匀蛋糊，再撒入白芝麻裹匀。锅中烧热油至五成热的时候，将牛柳放入炸至熟透，将其捞出并提高油温至八成。此时应该可以看到一些油烟，再将牛柳放入，高温炸制 15 秒钟左右，捞出沥油即可。

Tips 注意牛里脊条不能切得太粗，因为这道菜外面要裹一层芝麻，如果牛里脊条太粗，炸制时间就需要延长，那么最先遭殃的一定是最外面的芝麻，出锅之后全都黝黑焦糊一片，谁还有心情吃？

麻辣牙签牛肉

怎么这么快就吃完了

这种菜太让人没抵抗力了，每次都是一次做一大盘子，但是每次都觉得还没吃够呢，桌上就只剩下一堆牙签了。你可以选择下次多做，或者这次就把自己关在屋里一个人吃独食。

用料 ● 腌制牛肉片 250g ● 姜末、蒜末 各 5g ● 五香粉 4g ● 花椒粉 4g ● 香菜末 20g ● 红尖椒段 50g ● 白芝麻 20g ● 孜然粉 4g ● 酱油、料酒各 1 茶匙 ● 油、盐 各适量

做法

1 将超市买回来的腌制牛肉片用牙签串起来备用。这类牛肉片一般是用基本的咸鲜味腌渍入味的，所以很省事，不用切也不用腌，直接就可以下锅了。

2 锅中倒入三分之一的油，大火加热至七成热，放入牛肉片炸 20 秒钟后取出。

3 锅中留底油，放入姜末、蒜末、红尖椒段炒香，调入孜然粉、五香粉、花椒粉、白芝麻、少许盐、酱油和料酒，起锅拌入牛肉中，加香菜末拌匀即可（也可以根据自己的喜好添加老干妈豆豉酱、郫县豆瓣酱等麻辣酱料来增加风味）。

Tips 用腌好的牛肉片来做能节约时间，传统的牙签牛肉做法是：将新鲜牛肉片用盐、胡椒、料酒、辣椒粉、蛋清、淀粉腌制半小时后，用牙签串好放入油锅高温炸 1 分钟左右后捞出，再回锅加姜蒜、香叶、孜然、花椒粉等佐料炒香。

清酒香煎牛仔骨

看见好吃的就往前冲，没错的

看到一点肥肉就摇头后退未免太过矫揉造作，牛仔骨的魅力，就在那层肥瘦相间的位置。经烤制后的肥肉，化成能让你忘掉一切的香气，还有微焦的口感。任你再周密的节食计划，也会因它的出现而终止。

用料 ● 带骨切片牛仔骨 500g ● 酱油、蚝油 各 1 汤匙 ● 清酒 2 汤匙 ● 盐、橄榄油 1/2 茶匙

做法

1 将牛仔骨洗净后放入碗中，加入酱油、蚝油、清酒、少许盐腌制 2~3 小时。盐其实可以少放或者不放，因为酱油和蚝油中都有盐分。

2 在腌制的时候，可以用肉锤捶打一下，将肉的肌理拍松，更有利于入味。没有工具的话，直接用手多抓拌一下也可以，这样一来，成菜的口感就更诱人了。

3 平底锅烧热后，放入橄榄油，约四成热时下入牛仔骨用中火煎制。

4 煎制的时候，基本上十几秒后就要翻面，因为调料比牛肉更容易焦煳。尽量勤翻，等到牛肉基本定型熟透之后，再提高火力，煎制表面微焦即可。

Tips 牛仔骨外层有脂肪，如不喜欢肥腻的口感可将其去除，但建议保留少许，成熟后可增加香味。

葡萄牛尾酥皮汤

冬天你慢些走

挨着骨头的肉好吃有一个原因，就是因为这里的肌肉运动最多，更要牵动着骨头走，肉的质量也更高，牛尾是决不能被忽视的。把它炖得烂烂的，味道更浓，而且上面的筋和肉入口即化。这一碗汤，就在今晚，在这个即将结束的冬天献给自己。

用料 ● 牛尾 500 克 ● 印度原味飞饼 2 张 ● 胡萝卜 150 克 ● 玫瑰葡萄 20 克 ● 姜片 10 克 ● 香叶 1 片 ● 蒜片 5 克 ● 红酒 2 汤匙 ● 番茄酱、油 各 1 汤匙 ● 酱油 2 茶匙 ● 糖 、盐 各 1 茶匙 ● 鸡精 1/2 茶匙

做法

1 牛尾洗净切段后放入锅中，加入清水、姜片、红酒煮沸后捞出。胡萝卜洗净、去皮、切滚刀块；玫瑰葡萄去皮、去籽。

2 锅中油烧至五成热，爆姜、蒜，下入牛尾、番茄酱、酱油、胡萝卜、香叶、清水、红酒、糖烧开，煨煮 1 小时，下入葡萄肉略煮 3 分钟，加入盐、鸡精。

3 烤箱 220℃预热，将牛尾汤盛入容器中，盖上原味飞饼，稍按压饼边。将牛尾汤放入烤箱烤制 5 分钟，至飞饼呈金黄色、蓬松状即可。

Tips 自己制作酥皮会比较麻烦，用印度飞饼代替则会简单很多。

羊骨最暖

羊排、羊腿之类的东西，不管做起来、吃起来的时候多么豪迈，多么不矜持，你都不能否认它柔柔的口感和随后即至的暖意。

蒜香羊排

我宁愿等它一天一夜

什么？腌一天一夜？那么长时间？其实根本不是怕时间长，而是怕自己等不及吧。小心腌制的时候，就被这股四处乱窜的香气把自己的口水逗出来，大家都是成年人，这时候还流哈喇子就太难看了。淡定些！为了明天的那一口，等这一天一夜很值得。

用料 ● 羊肋排 500g ● 土豆 120g ● 大蒜 5 瓣 ● 生抽 2 茶匙 ● 海盐 1 茶匙 ● 料酒 1 汤匙 ● 鸡粉 1/2 茶匙 ● 洋葱 50g ● 香菜 25g ● 姜 10g ● 香葱 15g ● 花椒 8g ● 孜然粒、辣椒粉 各 1 茶匙 ● 现磨黑胡椒碎 1/2 茶匙

做法

1 羊排在清水中泡净血水后冲洗干净；大蒜拍松、去皮；土豆去皮、洗净，切成小块；洋葱洗净，切成细丝备用。将洗净的羊排用刀尖在上面戳几个约筷子粗细的洞，密度不用很大。

2 将花椒在案板上用擀面杖略微擀一下，不用很碎，压散就可以。将花椒和海盐一起放在锅里，中小火加热炒匀，过一会儿你会闻到椒香味，这时候将其盛出抹在羊肋排上，先腌制 1 小时。

3 然后将洋葱、香菜、姜、蒜全部洗净切成碎末，用料酒、鸡粉、生抽将羊排抹匀，均匀地撒上洋葱、香菜、姜末、蒜末，将羊排放入密封容器中密封，放入冰箱中冷藏腌制一夜。

4 取出腌好的羊排，将其轻轻拍打使其略松弛后，撒入孜然粒、辣椒粉和现磨黑胡椒碎，再次腌制 2 小时左右。

5 烤箱预热至 190℃，用锡箔纸将羊排、土豆包好放入烤盘中烤制 40 分钟，然后取出，去掉锡箔纸后，再次放入烤箱，提升温度至 210℃，再次烤制 30 分钟左右（中间取出翻面）即可。

Tips 因为羊肉有一股膻味，所以一般来讲，羊肉的腌制时间都比别的肉要长一些，而且香辛料用得更多，用于中和它的腥膻味。由于这道菜使用的腌料大多是带有香辛味道的食材而非调味料，所以腌制的时间也会相对长一些。

1.羊排飞水去血沫 2.将羊排放入锅中煸炒 3.倒入调味汁 4.翻炒片刻 5.加入清水 6.加入辅料，烧开后收干汤汁

红焖羊排

红红火火，暖暖和和

冬天要是餐桌上少了这么一道菜，好像整个冬天都没有暖和起来一样。红红的颜色让人看着就觉得心里暖洋洋的，而每年都能吃到的暖锅红焖羊排，更是在脑海里将羊肉定义为冬日的暖身神菜。其实，鲜美浓香的味道倒在其次，最难以忘怀的是和家人聚在饭桌前聊天、喝酒、啃羊排的经历。

用料 ● 羊肋排 400g ● 胡萝卜 1 根 ● 土豆 1 个 ● 红烧酱油 4 茶匙 ● 黄酒 4 茶匙 ● 盐 1/2 茶匙 ● 葱段、姜块 各 8g ● 白胡椒粉 2g ● 八角 1 个 ● 花椒粒 8g ● 油 适量

做法

1 在锅中放入适量清水，撒入 4g 花椒粒，将羊肋排冲洗干净后放入清水中，大火煮沸后撇去浮沫，捞出沥干水分，分切成小块。

2 胡萝卜和土豆分别去皮洗净，切滚刀块备用。土豆放在空气中容易氧化变色，所以可以将切好的土豆放入清水中浸泡。

3 在红烧酱油中加入盐、黄酒和约 1000ml 清水稀释制成调味汁。锅中放油烧至五成热，放入姜块煸香后，放入羊排煸炒，倒入调味汁，大火煸炒 1 分钟左右。

4 加入葱段、八角、花椒粒大火煮沸后，转小火慢炖，在汤汁收到原来的一半的时候，放入土豆和胡萝卜，将火力微微调大一些，直至汤汁收干即可。

Tips 羊肉，免不了天生带着点腥膻味，所以在一开始煮制的时候，要加入花椒粒，如果再加一些大料和料酒混合在一起煮制，去腥膻味的效果会更好。

玉米面糊饼

越是农家越有味

每逢假期，在郊外游玩的时候，到了农家餐馆，总喜欢点上几个颇具农家特色的美食，这道糊饼就是必不可少的一道。

用料 ● 玉米面 100g ● 面粉 50g ● 鸡蛋 2 个 ● 韭菜 100g ● 小虾皮 20g ● 香油 1 茶匙 ● 盐 2g ● 油 2 汤匙

做法

1 将玉米面和面粉混合，倒入适量的温水，将其搅拌成非常浓稠的混合面糊，并且是均匀的，没有干面粉团的面糊。面糊的浓稠程度，以可以用手捏起定型为宜。韭菜择洗干净，洗净后切成小碎末，锅中先放入少许油，将小虾皮放入，小火煎香，盛出备用。

2 鸡蛋打散，放入韭菜、虾皮和盐搅拌均匀，盐的用量一定要少，因为虾皮中有一些咸味。将搅拌均匀的蛋液放在一旁。

3 锅中放油烧至六成热左右，将混合的面放入锅中抹平压实，再在上面倒上混合的蛋液抹平，加盖中火烙 2 分钟左右，然后转小火继续烙 3 ~ 4 分钟，面熟后，开锅盖淋入香油即可。

Tips 玉米面比较粗糙，如果你想吃稍微细腻一些的口感，可以掺入一些面粉。

萝卜羊肉煲

用料 ● 羊腱肉 350g ● 白萝卜 500g ● 干山楂片 10g ● 葱段、姜块 各 8g ● 八角 1 个 ● 花椒粒 5g ● 料酒 1 汤匙 ● 枸杞 3g ● 盐 1 茶匙

没有萝卜，羊肉的风采也要打折扣

萝卜搭配羊肉，吃了那么多年，也从未觉得吃腻过。萝卜不仅香甜水润，而且能够降低许多羊肉中的腥膻味。最爱的就是冬天从寒冷的室外回到家中感受温暖的时候，刚一开门，就闻到家中悠悠的羊肉萝卜香气，那种幸福感不言而喻。

做法

1 将羊腱肉冲洗干净，入水中大火煮开后，撇去浮沫，捞出沥水备用。由于羊腱肉上没有骨头，所以血水应该会比带骨的羊排少一些。将姜块拍松，白萝卜去皮、切滚刀块备用。

2 将焯好的羊腱肉放入锅中，加入清水，没过羊肉约手指两个关节左右，大火煮开后，放入葱段、姜块、八角、花椒粒、料酒、枸杞。

3 待闻到香料的香味后，放入约 100g 的白萝卜用于去腥，将萝卜煮软后捞出，再将山楂片放入，加入枸杞，煮开后转小火慢炖 1 小时以上。

4 在最后的 15 分钟的时候，将剩下的萝卜放入继续炖煮，出锅后加盐调味即可。

Tips 萝卜可以吸收羊肉里的膻味，所以可以先放一些萝卜煮软，让其吸收羊肉的膻味之后，弃之不用，再继续炖煮，风味更佳。

1.羊骨泡去血水 2.羊骨放入锅中，加水、葱段和姜片烧煮 3.和花椒、干辣椒一起煸干羊骨中的水分 4.加入酱油，小火翻炒 5.加入没过食材的清水 6.加入香辛料和调料慢炖

炖羊蝎子

舌头要锻炼，最适合边吃边聊

吃羊蝎子，绝不适合自己一个人在家里闷头吃，最好是和好友，围着一锅羊蝎子，微酌一口小酒 ，每个人都让自己的舌头发挥出它最灵活的技巧——当然，吃一口酱香浓郁的羊蝎子，也挡不住餐桌上每个人七嘴八舌地谈天说地，不是吗？

用料 ● 羊脊骨 700g ● 葱段 30g ● 姜片 10g ● 干红辣椒 3 根 ● 香叶 1 片 ● 草果 2 个 ● 花椒粒 15g ● 桂皮 4g ● 丁香 2 个 ● 酱油 1 汤匙 ● 黄酱 4 茶匙 ● 白砂糖 1 茶匙 ● 料酒 1 汤匙 ● 油 3 汤匙

做法

1 将羊脊骨分切成段，然后放入适量清水中，加入约一半的花椒和料酒充分浸泡，初步去除一些腥膻和血水。然后在汤锅中放入清水和葱段、姜片，将羊肉从浸泡的水中捞出，放入清水中大火烧煮，羊骨撇去浮沫，捞出沥水，用清水冲洗干净。

2 锅中放油烧至四成热，放入花椒和干红辣椒爆香，然后放入羊脊骨，将其中的水分略煸干，加入酱油，小火翻炒，注意不要煳锅，然后倒入没过食材的清水。

3 放入白砂糖、香叶、草果、剩下的花椒粒、黄酱，煮开后小火慢炖 90 分钟左右即可。在烹饪过程中，可能仍会有一些浮沫不断漂出，将其撇去即可。

Tips 炖羊蝎子要放入很多香料，可以不放大料，因为大料和羊蝎子的味道不太和谐。另外，其他的香料也不要放得过多，否则锅里会有一股香料过剩的“草药”气息。

孜然羊排

做事就要像吃羊排时一样专注

生活中的大道理、小道理不计其数，想必每个人都厌烦了长辈们的说教。专注、认真地做事吧！如果你觉得专注很难，那么请回想一下你吃羊排时的情景，是不是完全不受外界影响，而且全身心灌注其中？或许曾经把所有的感官享受都奉献给了这道菜也说不定哦！

用料 ● 羊肋排 500g ● 盐 4g ● 鸡粉 2g ● 花椒粉 1/2 茶匙 ● 五香粉 1g ● 葱姜蒜粉 2g ● 孜然粒 1/2 汤匙 ● 辣椒粉 1/2 茶匙

做法

1 将羊肋排用清水充分浸泡，泡净血水后冲洗干净，尽量沥干水分。这里最好选用那些略带一些脂肪的羊肋排，这样在烤制的时候，析出的油脂会给羊排增加不少香味。

2 用牙签在羊排上扎一些小孔，以方便其入味，然后用盐、鸡粉、花椒粉、五香粉、葱姜蒜粉抹匀，腌制入味。这个时间越长越好，有条件的最好是头一天晚上腌好放入冰箱，第二天晚上取出准备烤制。

3 将腌好的羊排取出，上面均匀地撒上孜然粒和辣椒粉，辣椒粉的用量根据自己的口味来定量，如果家里没有孜然粒，用孜然粉也可以。

4 烤箱预热至 200℃，将羊排用锡箔纸包好，放入烤箱中烤制 20 分钟左右，然后取出将锡箔纸取下，再次放入烤箱，以 220℃的温度烤 5 分钟即可。

Tips 孜然粒的味道比孜然粉要更正一些，虽然不像孜然粉那么细腻，但是尽量使用没有经过太多加工程序的孜然粒，味道才够完美。

烤羊棒骨

用料 ● 羊棒骨2根 ● 孜然粉2茶匙 ● 辣椒粉、孜然粒、盐各1茶匙

最好是碳烤

论野性，没有比这种用手抓着，并且充分运用自己的咬合力以及颈部肌肉的力量撕咬的劲头更足。其实在餐桌上，有时候不必那么矜持，该狂野的时候就该狂野一把，释放自己对美食的贪婪，这也算是一种发泄吧。

做法

1 羊棒骨用盐、孜然粉、辣椒粉搓匀，放入大碗中腌制至少 30 分钟使其入味。

2 烤箱 200℃预热，在羊棒骨上撒上孜然粒，放入烤箱中层烤制 20 分钟即可。

Tips 这道菜一般在家中用烤箱制作，如家中有炭炉，用明火烤制味道更佳。

红酒煎羊排

吃货的大智慧

国人对酒的理解很精辟，没有上桌后摆在桌边的酒杯，而是让酒和肉融为一体，这是属于每一个“吃货”的大智慧。羊肉不膻了，而且依旧软嫩，试想面对着这样的美味，就算旁边还有一杯酒，谁还有时间搭理它？

用料

● 羊排 500g ● 洋葱、青椒、胡萝卜 各 20g ● 红酒 2 汤匙 ● 酱油 1 汤匙 ● 黑胡椒碎、老抽、橄榄油 各 1 茶匙 ● 糖、盐 各 1/2 茶匙

做法

1 羊排洗净，划十字刀，用厨房用纸吸去多余水分，加入盐、酱油、黑胡椒碎腌制 3 小时；洋葱洗净、切粒；青椒洗净、去籽、切粒；胡萝卜洗净、去皮、切粒，烤箱 200℃预热。

2 平底锅中放橄榄油烧热，用中高火将羊排煎至两面变色，烹入红酒，改中火再烹制 3 分钟后，将羊排盛入锡纸中包好，入烤箱 200℃烤制 10 分钟。

3 将锅中剩余的红酒煮沸，加入洋葱粒、青椒粒、胡萝卜粒、盐、糖、老抽、黑胡椒碎及少许清水，烧至汤汁浓稠，淋在烤好的羊排上即可。

Tips

加入红酒烹制，一是可去除羊肉中的膻味，二可为羊肉增加香甜的口味。

排骨伴侣

开胃山药

开胃之后，后果自负

山药的清香和山楂糕的酸甜配合，成就了这样一道让你胃口大开的小菜。其实，这种酸酸甜甜的味道，也是解油腻的一把好手，在大鱼大肉的桌上少不了它这样的角色。只是……这货越吃越开胃，怎么办？

用料 ● 山药 150g ● 山楂糕 100g ● 干桂花 1 茶匙 ● 蜂蜜 2 茶匙

做法

1 将山药洗净、去皮之后，切成 2 寸长的段，上锅蒸熟。

2 蒸熟后小心地将其纵切成长片。山楂糕放在垫放保鲜膜的案板上，切成厚度一致的片。

3 将山药片和山楂糕片码盘。将干桂花撒上，再将蜂蜜均匀地淋入即可。

Tips 能够解油腻的不仅仅是酸甜的味道，山药也可以帮助解油腻，这道菜其实吃起来是很健康的，就算不放蜂蜜，也很好吃哦！

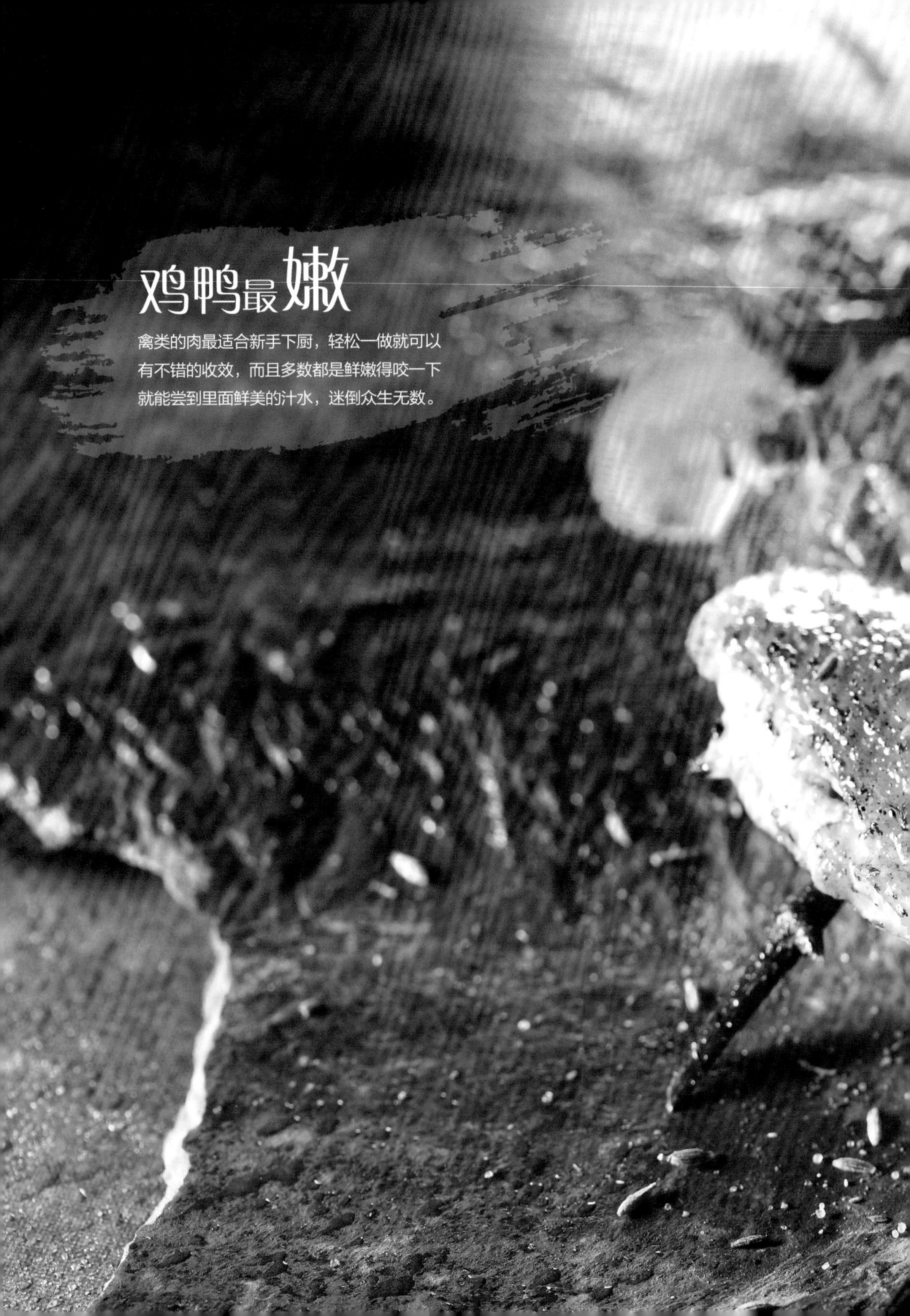

鸡鸭最嫩

禽类的肉最适合新手下厨，轻松一做就可以有不错的收效，而且多数都是鲜嫩得咬一下就能尝到里面鲜美的汁水，迷倒众生无数。

蜜汁煎鸡扒

鸡扒配蜂蜜，意想不到的香甜滑嫩

鸡肉中有点甜味，再加上一点点油煎一下，甜味会更加浓郁，而且鸡肉中鲜嫩多汁，恨不得咬一小口，鲜嫩的鸡肉里面的汁水都能流出来。吃起来就不希望自己有吃饱的时候，这就叫做欲罢不能。

用料 ● 鸡腿肉 500g ● 蚝油 2 汤匙 ● 鲜味酱油 2 茶匙 ● 蜂蜜 2 汤匙 ● 鸡粉 1/2 茶匙 ● 葱姜蒜粉 1/2 茶匙 ● 白胡椒粉 2g ● 橄榄油 适量

做法

1 如果买不到现成的鸡腿肉，可以将鸡腿肉沿着一侧划开，然后将腿骨去除就可以了。将鸡腿肉洗净，用蚝油、鲜味酱油、蜂蜜、鸡粉、葱姜蒜粉、白胡椒粉搅拌均匀，充分腌制入味。

2 腌制的时候，用手充分抓拌，慢慢的会感觉到鸡肉越来越松弛软嫩，当你觉得手感有点像蛋液般滑嫩的时候，就可以静置腌渍了。

3 平底锅中倒入适量橄榄油烧至六七成热，将腌好的鸡肉入锅两面煎熟即可。注意在煎制的时候，先用小火，在鸡肉基本定型之后，再改成中大火力，煎制表面微焦。同时由于使用了蜂蜜，所以也要注意切勿加热时间过长导致焦煳。

Tips 蜂蜜不可以放得太多，否则很容易煎煳，在刚开始煎制的时候，火力不能太大，先用小火使其均匀受热，大约七八分熟后再转中火，尽量将表面煎至微焦。

烧汁鸡扒饭

自己会做比什么都强

总是有那么些好吃的肉肉，在外面饭馆里怎么吃也吃不够，然后一边担心着添加剂和食品卫生，一边担心着自己的荷包，然后就是关不住自己向外迸发的欲望……方法很简单，自己会做不就得了？什么时候犯馋了，三下五除二就能搞定！

用料 ● 鸡大腿 2 个 ● 生抽 1 茶匙 ● 蚝油 2 茶匙 ● 日式烧汁 1 汤匙 ● 白胡椒粉 2g ● 伏特加 1 茶匙 ● 熟米饭 100g ● 胡萝卜、菜花、西兰花 各 40g ● 盐 1 茶匙 ● 鸡汁 少许 ● 油 1 汤匙

做法

1 将鸡大腿肉去骨，先不要切成条，用生抽、蚝油和伏特加抹匀，腌制半小时以上。

2 在腌制鸡肉的时间里，把胡萝卜、菜花、西兰花洗净，胡萝卜去皮切片，菜花和西兰花择小朵，放入沸水中加入盐和鸡汁搅匀焯熟，捞出沥干水分，放在熟米饭上。

3 平底锅中放入油，将其烧至四五成热，即手掌放在上面能感到热气的时候，将鸡肉放入，中火煎制。注意这个时候火力不能很大，否则一下子就容易把鸡皮煎煳。一面煎好后，翻面继续煎制。

4 看到两面呈漂亮的金黄色时，将日式烧汁加入白胡椒粉和约 2 汤匙水稀释后，倒入锅中，将火力调大一些开始烧制。两面分别熬制一会儿，看到汁水的颜色已经渗透了之后，关火将鸡肉取出，切成 2cm 左右的宽条，再次放入留有汤汁的锅中略煮，连同汤汁一起浇在米饭上即可。

Tips 所谓鸡大腿，不是琵琶腿，这一点一定要搞清楚，鸡大腿是琵琶腿更上一节的鸡腿，这里的肉，可以成整片地被剔下来，是煎鸡柳等菜式的最佳选择。

虾酱炸鸡

用料

● 鸡大腿 2 个 ● 蚝油 1 汤匙 ● 白砂糖 1/2 茶匙 ● 细虾酱 2 茶匙 ● 淀粉 适量 ● 蛋清 1 个 ● 油 500ml

做法

1 将鸡腿肉剔骨，鸡皮去掉。将剔下来的鸡肉切成 2cm 左右见方的块备用。

2 用蚝油、白砂糖、细虾酱将鸡肉搅拌均匀，腌制 20 分钟以上使其入味，然后放入蛋清，搅拌均匀。

3 将每块鸡腿肉放入淀粉中略滚一下，使其表面沾上一层薄薄的淀粉。

4 锅中放油烧至五成热，将鸡块放入，中火炸制，等到它定型并且表面金黄的时候，捞出。

5 将油温提升至八成热，即能看到少许油烟的时候，将鸡块再次放入，中大火力炸制，表面颜色变得略微深一些的时候，捞出沥油即可。

1. 将剔好鸡腿肉切成块 2. 用蚝油、白砂糖和虾酱腌制鸡肉 3. 抓拌均匀后加入蛋清拌匀 4. 鸡肉块裹上一层薄薄的淀粉 5. 放入锅中炸至表面金黄定型 6. 提高油温再次炸制

拿来做茶点更有味

别看是按照正餐的流程来烹饪，但其实这道菜更适合定义为一道下午茶点。每块鸡肉都很嫩，充满着浓郁的虾酱香味，略带甜美，而且还能感受到鸡肉的嫩滑，实在是不错的小食。

Tips 细虾酱不同于普通的虾酱，它的质地非常细腻，口味更加鲜美，而且腥味很淡，非常适用于腌制，使用非常方便。但有一点要记住，虾酱是很咸的角色，一定要控制好用量。

蒜蓉鸡毛菜

青菜也可以很鲜美

能吃到鸡毛菜其实是件挺幸福的事，随便炒炒就很鲜美，和肉类放在一起也可以让人感觉很清爽，对于在不常见到鸡毛菜的北方，这道菜也算是素中珍馐了。

用料 ● 鸡毛菜 300g ● 蒜瓣 20g ● 料酒 1/2 茶匙 ● 鸡精 1/2 茶匙 ● 盐 2g ● 油 1 汤匙

做法

1 鸡毛菜择去黄叶后洗净，沥干水分备用；蒜瓣用刀面拍碎后剁成泥，越细越好。

2 锅中放适量油，待油烧至略冒烟的时候，放入蒜泥，煸炒至蒜泥呈金黄色，香味飘出。

3 放入已经沥干水分的鸡毛菜快速翻炒，烹入适量料酒后，加盐和鸡精调味即可。

Tips 青色的蔬菜寓意着清清爽爽、青春好年华。炒青菜特别注意不能炒老了，略微翻炒就行了。

蜜汁烤鸭腿

用料

● 鸭腿 2 个 ● 鲜味酱油 1 汤匙 ● 盐 2g ● 黄酒 1 汤匙 ● 鸡粉 1/2 茶匙 ● 葱姜蒜粉 1/2 茶匙 ● 白胡椒粉 1/2 茶匙 ● 花椒粉 1g ● 白砂糖 1/2 茶匙 ● 蜂蜜 1 汤匙

做法

1 鸭腿用清水浸泡，泡去一些血水后，冲洗干净，沥干水分。用铁签在鸭腿上扎一些小孔，方便鸭腿更加入味。

2 用盐、黄酒、鸡粉、葱姜蒜粉、白胡椒粉、花椒粉、白砂糖将鸭腿腌制入味，由于是整个的鸭腿，个头比较大，所以在腌制的时候，尽量多搅拌，然后延长腌制时间，有条件的话，最好能腌制一夜以上。

3 在腌制的最后阶段，放入蜂蜜，再度腌制 1 小时左右。

4 烤箱预热至 200℃，将烤盘铺上锡箔纸，放上鸭腿，烤制 20 分钟。烤至最后 8 分钟的时候，将鸭腿翻面即可。

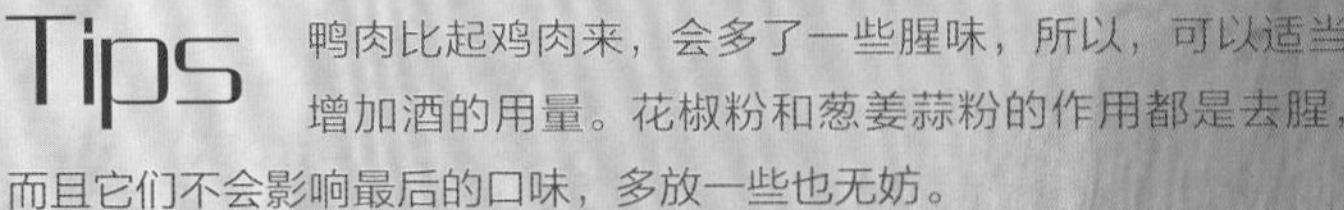

Tips 鸭肉比起鸡肉来，会多了一些腥味，所以，可以适当增加酒的用量。花椒粉和葱姜蒜粉的作用都是去腥，而且它们不会影响最后的口味，多放一些也无妨。

肉也是甜的，美到像花开一样

禽类食材和蜜汁是很好的搭配，不管你是用糖桂花、糖浆抑或是蜂蜜，总会得到惊喜。一开始还以为甜味只是停留在表面，咬下一口才知道，连肉都是甜美的感觉是相当的美妙。人家总是说“吃美了”，如果你还不理解的话，那么你吃这道烤鸭腿的时候就是百分之百的“吃美了”。

脆皮香酥鸭腿

用料

● 鸭腿 2 个 ● 海盐 1 茶匙 ● 花椒粒 10g ● 鸡粉 1/2 茶匙 ● 五香粉 2g ● 料酒 1 汤匙 ● 葱姜蒜粉 1/2 茶匙 ● 油 50ml

做法

1 将鸭腿放入清水中泡净血水，冲洗干净后沥干水分，用铁签在上面扎一些小孔。先将鸭腿用料酒腌制片刻。

2 在案板上将花椒粒碾碎，然后将花椒粒和海盐一起放入锅中用小火翻炒，等到盐粒变成淡淡的咖啡色的时候将其盛出。

3 将炒好的椒盐均匀地抹在鸭腿上，再撒入鸡粉、五香粉、葱姜蒜粉腌制一夜左右。取出后将鸭腿上锅蒸制半小时，盛出后将上面的花椒等辅料刮下来。

4 锅中放油烧至七成热，即手掌放在上面可以感受到很明显的热气升腾时，将鸭腿放入，小火煎至表面金黄酥脆即可。

1.炒制花椒盐 2.将花椒盐抹在鸭腿上腌制 3.充分腌制一夜之后，上锅蒸制 4.盛出后刮下辅料 5.将鸭腿放入锅中煎制 6.小火煎至两面金黄酥脆

别就光顾着吃鸭皮好么

严格来说，这道菜有点不人完美，就是因为这道菜的鸭皮太过丁香酥诱人，咬在嘴里“喀嚓”的感觉实在太过于诱惑，以至于人们甚至于会忽略里面的鸭肉，自顾自地把鸭皮先吃个干净，太自私了……

Tips 海盐可以在大型超市买到，这种盐比起普通的盐而言，没有添加任何添加剂，甚至连抗结剂都没有添加，里面还有一些水分。这样的盐味道最为纯正，越是简单的调味，越能尝出其中的区别。

和式炸鸡腿

用料

● 鸡腿 2 个 ● 盐 1/2 茶匙 ● 白胡椒粉 2g ● 七味粉 1/2 茶匙 ● 鸡粉 1/2 茶匙 ● 米酒 2 茶匙 ● 生粉 40g ● 面粉 60g ● 面包糠 适量 ● 鸡蛋 1 个 ● 油 500ml

做法

1 在鸡腿上扎一些小孔，然后用水冲洗干净。先用米酒浇上搅匀，略腌一会儿之后，再放入盐、白胡椒粉、七味粉和鸡粉，充分腌制入味。

2 将生粉和面粉混合，加入鸡蛋打出的蛋液和适量清水进行混合，制成黏稠的面糊。面包糠放在一个平整的大盘中备用。

3 锅中放油烧至六成热，将鸡腿在盛装面糊的容器中裹上一层面糊，然后提起，使表面多余的面糊流下，然后用面包糠撒匀表面，放入油锅中炸制。一开始是定型，然后鸡腿周围持续出现细密的气泡，慢慢地，鸡腿颜色变成金黄，再变成深黄，这个时候，就可以关火捞出沥油了。

1.将混合的面粉加水稀释成面糊 2.将蛋液和面糊混合 3.腌好的鸡腿挂一层糊 4.放入面包糠中裹上一层面包糠 5.放入锅中炸制

日范儿的“Inner Beauty”

全天下的炸鸡腿并不是千篇一律的，看着外面没什么新鲜的和式炸鸡腿，里面的味道却充满了日范儿，文艺一点的说法叫做内在美。日式料理主张放大食材原味，将食材的本味最大程度地展现出来，最适合你细嚼慢咽。

Tips 七味粉是日式料理中常用的调味品，里面有淡淡的香气和微辣的味道。一般在大型超市有卖，可以去进口食品及调味品区看看，如果实在没有可选择网购。

米椒鸡脆骨

总是觉得意犹未尽

小米椒的辣味比起干红辣椒来要放纵多了，但是正是这种更加跳跃的辣味，才让鸡脆骨的香脆有了最好的搭档。一个一个地夹起来吃，脆嫩筋道，咽下之后还有挥之不去的香辣，即便吃饱了，也会拿这道菜当成饭后点心，总觉得意犹未尽。

用料 ● 鸡脆骨 350g ● 青、红小米椒 各 3 根 ● 盐、鸡精 各 1/2 茶匙 ● 黄酒 1 汤匙 ● 花椒粉 1g ● 白胡椒粉 1g ● 鲜味汁 少许 ● 油 1 汤匙

做法

1 将鸡脆骨清洗干净，沥干水分，加入花椒粉搅拌均匀，静置片刻。因为鸡脆骨上有少许油脂，会有一些腥气，所以用花椒粉中和一下。利用这个时间，将青、红小米椒分别洗净，切成小段备用。

2 锅中放油烧至七成热，抽油烟机开足马力，然后将青、红小米椒全部放入，大火烹香，趁热将鸡脆骨倒入，烹入黄酒大火爆炒 2 分钟。

3 然后放入盐、鸡精、白胡椒粉继续大火翻炒大约 2 分钟左右，脆骨差不多就熟透了。这时候，淋入少许鲜味汁，其鲜香味道一下子就会窜出来，闻到了这股味道，立刻关火，趁热出锅即可。

如果喜欢吃纯正的川味，可以把小米椒换成郫县豆瓣酱，可以不用放盐，因为里面的咸香和辣味都已经齐备。

荷塘小炒

不去湖边也知荷塘月色

雨中的荷塘比晴日里更多了一份灵动与清新。雨后，农家孩子们举着荷叶，成群嬉戏，一路的欢声笑语。

做法

1 莲藕和胡萝卜分别洗净、去皮、切片；木耳和枸杞泡发。其他材料洗净备用。

2 将泡发的木耳与白果、胡萝卜、荷兰豆分别过沸水汆熟。

3 锅中加油烧热，下莲藕、百合、胡萝卜、荷兰豆翻炒片刻，继续加入白果、木耳和枸杞翻炒至熟，加盐和鸡精调味即可。

Tips 莲藕是凉性食物，能降火解渴。白果能平喘利尿，可炒食也可用来炖汤，但多吃会引起腹胀，所以用量要适宜。

兰花鸡脆骨

一个赛一个的香脆

兰花豆的香味，要多嚼两下才能越来越浓，而鸡脆骨的脆香，跟它比起来好像完全是另一个套路。不过你如果觉得它们两个不适合放在一起就错了，它是“挑食者”的最爱，挑食不是偏食，而是喜欢在这半分钟里先挑兰花豆吃，在下半分钟里专挑鸡脆骨吃，“咯吱咯吱”的乐趣横生。

用料

● 鸡脆骨 300g ● 熟兰花豆 70g ● 青、红小辣椒 各 2 根 ● 蛋清 1 个 ● 生粉 20g ● 盐 1/2 茶匙 ● 大蒜粉 2g ● 鸡粉 1/2 茶匙 ● 蚝油 1 茶匙 ● 料酒 2 茶匙 ● 花椒粉 2g ● 油 300ml

做法

1 将鸡脆骨洗净，沥干水分，用料酒、盐、大蒜粉、花椒粉腌制半小时以上，使其入味。将蛋清打散，和鸡脆骨搅拌均匀。

2 锅中放油烧至七成热，将鸡脆骨裹上生粉放入锅中中火炸至表面金黄后，捞出沥油。这时候油一定要沥干净一些，因为一会儿还要下锅炒，而在它下锅之前，别的食材已经在用油炒了，所以为了避免油量过高，这里必须沥干净。

3 锅中留少许油，烧热后放入青、红小辣椒爆香，加入兰花豆炒匀，然后放入炸好的鸡脆骨，加入鸡粉、蚝油大火翻炒均匀，趁热出锅即可。

Tips

鸡脆骨的搭配其实是很自由的，因为它本身的味道并不明显，而最大的亮点就是它的香脆筋道，所以，只要是切成形状差不多的蔬菜或者是谷类，都可以跟它搭配。

筋头巴脑

蹄筋、蹄膀、脆骨等，有着独步武林的魅力，有时候喜欢让自己的牙齿跟这些东西打交道，只为那筋头巴脑的口感。

猪手海参汤

香得连骨头都不想剩下

更能打动人的不是它的味道，而是它的口感，软软的带着一点筋道，糯糯的还有一点点黏，这是蹄膀独有的特色。花点时间把它啃得干干净净，再把汤慢慢喝完，看着盘中剩下的那一块块小骨头，那将是何等的满足……

用料 ● 水发海参、猪蹄 各2只 ● 丁香、陈皮 各5g ● 八角 4g ● 姜片、葱段 各10g ● 料酒1汤匙 ● 胡椒粉、盐 各1茶匙

做法

1 海参洗净，用温水泡发；猪蹄洗净、切段，放入沸水中焯烫3分钟后捞出。

2 汤煲中放入丁香、陈皮、八角、清水煮开，下入猪蹄、姜片、葱段、料酒大火烧开，改小火煨煮1小时。

3 将海参下入锅中，煨煮至软烂，加入盐、胡椒粉调味即可。所谓“煨煮”，就是用最小的火力，充分延长加热时间，让食材在一个稳定的温度环境下，慢慢充分入味，同时口感变得非常软烂的过程。

Tips 水发海参放在密封容器中，加入足量清水，能够更好地泡发。

香芋猪手

用料 ● 猪蹄 750g ● 香芋 200g ● 生抽 2 茶匙 ● 老抽 2 茶匙 ● 盐 1 茶匙 ● 鸡精 1/2 茶匙 ● 五香粉 2g ● 冰糖 4 茶匙 ● 米酒 1 汤匙 ● 葱末、姜末 各 5g ● 油 3 汤匙

Tips 蒸制的时间已经可以让香芋入味并且熟透，如果想让香芋更加绵软，可以在一开始炖煮的时候就将其加入。

夹着猪手捞香芋

吃这道菜要想吃到最爽，得有点技术。香芋煮软之后，绵软入味，如果光吃猪手其实并不是这道菜的初衷，应该是牢牢地夹住了猪手，然后按着它从碗底向上一捞，出来之后它的身上会裹上一层绵软的香芋，这时候再吃，那感觉就完全上了一个大台阶。

做法

1 将猪手洗净，切成适口的块，放入沸水中汆烫3分钟左右后，捞出沥干水分。将香芋去皮洗净，切成2cm左右见方的块，用1/2茶匙的盐腌渍一下。

2 锅中放油，开小火加热，将冰糖敲碎后放入，慢慢热熔制成棕黄色的糖色，将猪手块放入，中火翻匀，然后放入约1000ml的清水，加入葱姜末、剩下的1/2茶匙盐、鸡精、五香粉、米酒、生抽、老抽，大火煮开后转小火炖煮。

3 炖煮需要持续45分钟至1小时，猪手软糯之后，将猪手放在碗中，将香芋块放在上面摆好，加入约3汤匙炖猪手的原汤，上锅大火蒸制15分钟即可。

1.猪手洗净后斩件备用 2.将香芋切成块 3.猪手飞水后捞出沥干水分 4.焯好的猪手放入锅中裹匀糖色 5.加入水和葱姜末以及鸡精、生抽等调料炖制 6.盛出加入香芋和部分原汤，上锅蒸熟

麻辣板筋

大吃货都喜爱的小吃

越是大吃货级别的人物，往往对这些小吃情有独钟，因为小吃可以在任何时候毫无理由地吃，饿了可以解馋，闲了可以打牙祭，饱了都可以用来当零食……这就是小吃的魅力。麻辣板筋中，香辣味道十足，麻麻的感觉让你像被人控制了一样，根本停不下来。

用料 ● 牛板筋 300g ● 熟白芝麻 10g ● 熟花生 25g ● 青椒片 30g ● 盐 少许 ● 老抽 2 茶匙 ● 糖 1/2 茶匙 ● 花椒粒 5g ● 干红辣椒 2 根 ● 姜块、大蒜 各 10g ● 香叶 1 片 ● 陈皮 10g ● 茶叶 5g ● 豆豉香辣酱 1 汤匙 ● 油 50ml

做法

1 将牛板筋洗净，放入高压锅中，加入清水，水量以没过牛板筋两个指关节为宜。然后将姜块、香叶、陈皮、茶叶放入炖肉用的香料盒中，加入锅中，盖盖加压炖煮。压力锅上汽以后，续煮 20 分钟左右关火，汽散后开盖取出。

2 将牛板筋斜刀片成片，然后将大蒜切碎。锅中放油烧至七成热后，爆香蒜末，然后放入干红辣椒和花椒粒，再加入豆豉香辣酱翻炒出香辣的味道，放入牛板筋大火翻炒均匀。

3 放入盐、糖炒匀，看到锅中汤汁很干的时候，加入约 1 汤匙水，继续翻炒至汤汁收干，如此过程可进行 2~3 次，使得板筋入味充分，最后一次收汁的时候，放入青椒片炒熟。

4 最后放入花生、熟白芝麻炒匀即可。

Tips 盐如果放得太早，会有一些不好的效果。比如在放入高压锅炖的时候，如果此时放入盐，板筋会很紧，不易炖烂。

1 清洗牛筋，准备好卤制用的香料
2 将卤好的牛筋切好 3 锅中爆香
姜末、干红辣椒、花椒后，加入
豆豉煸香 4 放入牛筋翻炒均匀，
[illegible]
炒好后加入芝麻即可

牛筋腐竹煲

最喜欢一咬就出汁的感觉

腐竹是一种很神奇的豆制品，估计人们在发明之初就想好了它的亮点——吸收汤汁之后依旧保持柔韧。这种口感和味道，与牛筋相得益彰，一个筋道，一个多汁，每咬一口都要在嘴里咀嚼半天，这种炖煮造就的鲜嫩多汁，非常让人钟爱。

用料 ● 牛蹄筋 300g ● 干腐竹 20g ● 干香菇 4 朵 ● 八角 2 个 ● 桂皮 8g ● 花椒粒 5g ● 葱段、姜块 各 10g ● 鲜味酱油 1 汤匙 ● 老抽 2 茶匙 ● 料酒 1 汤匙 ● 香油 少许

做法

1 将牛蹄筋切成和大拇指粗细、长短相仿的条状，然后放入锅中，加入清水和花椒粒大火煮开，捞去浮沫后，将牛蹄筋捞出沥干水分。

2 将牛蹄筋放入锅中，然后放入等量的清水，加入八角、桂皮、葱段、姜块、鲜味酱油、老抽和料酒，大火煮开，转小火炖煮 1 小时左右至牛蹄筋软烂。利用炖煮的时间，将腐竹和香菇泡软。

3 在炖煮的过程中，需要在 40 分钟左右的时候，将八角和桂皮取出。炖煮 1 小时之后，将腐竹和香菇放入，续煮 15 分钟左右，大火将汤汁收浓，淋入香油即可。

Tips 中途将香料取出是为了避免药味过重，尤其是八角和桂皮两种原料，味道最重，最容易影响口味。

鲍汁扣双菇

满满鲜蔬，清爽入味

清爽的小油菜，簇拥着一团鲜美的蘑菇，吃完了蘑菇，别忘了还有盘底的汤汁，用小油菜慢慢蘸一下，那滋味……

用料 ● 杏鲍菇150g ● 白灵菇80g ● 油菜心100g ● 鲍汁2汤匙 ● 鸡粉1茶匙 ● 生粉2汤匙 ● 油适量

做法

1. 将杏鲍菇、白灵菇洗净后切片。在沸水中汆烫后，捞出沥水备用。锅中放鸡粉和适量清水，煮沸后，将洗净的油菜心汆熟，捞出码盘。

2. 锅中放适量油，烧热后，将杏鲍菇和白灵菇放入，略微翻炒后加入刚才汆菜的清汤烧开。

3. 加入鲍汁搅动均匀，继续加热至汤汁收浓，最后加生粉勾芡，盛入放好油菜心的盘中即可。

Tips 鲍汁其实并不是鲍鱼汁，它是由鸡肉、鸭肉、猪肉和其他各种调味料加少量鲍鱼酱熬成的。在大部分超市里都能找到现成的鲍鱼汁。

葱烧牛蹄筋

别忘了把甜甜的葱也吃掉

牛蹄筋软滑有韧性，这道菜虽然没什么重口味的调料，但是依旧非常香，而且是恰到好处地渗入了牛筋。吃的时候，一定不要忘了葱，在烧制之后，它们是甜甜的味道，非常好吃，丝毫不比牛筋逊色，若说它是辅料，其实都太小看它了。

用料

● 牛蹄筋 300g ● 葱 50g ● 姜丝 8g ● 绍酒 1 汤匙 ● 鲜味酱油 2 茶匙 ● 盐 1/2 茶匙 ● 花椒 5g ● 鸡汁 1 汤匙 ● 水淀粉 1 汤匙 ● 油 1 汤匙

做法

1 将牛蹄筋切成粗条后，放入锅中，加入足量清水，撒入花椒粒，大火煮沸，将浮沫捞出后，将牛蹄筋盛出沥干水分。葱斜切成葱花备用。

2 锅中放油烧至六成热，放入姜丝和葱爆香，然后放入焯好的牛蹄筋，烹入料酒大火翻炒。等到料酒的香气消散之后，放入鲜味酱油、盐、鸡汁和适量清水，水量大约和牛蹄筋等量就可以。

3 大火煮开汤汁后，转中火收汁，之所以加的汤汁不是很多，是因为牛蹄筋已经是半熟的了，如果是生的牛蹄筋，建议先在锅中用花椒水炖一下再烧。

4 看到牛蹄筋已经差不多透明的时候，汤汁应该还剩下少许，这个时候，用水淀粉勾芡一下即可。

Tips 牛蹄筋要先炖至软烂才可以继续炒制，所以为了节省时间，我们可以买到那种半生的牛蹄筋，这样就节省了许多炖制的工夫。

香辣牛蹄筋

不辣不尽兴

辣味在烹饪的时候是第一个窜出来的，吃下去之后也是最后一个离开味蕾的，这东西从一开始就陪着我们一起享受到最后。有时候，有一个很有趣的现象，当一道菜你总觉得缺了点什么味道但是又说不上来的时候，加点辣味就能得到你想要的答案了。

用料 ● 牛蹄筋 350g ● 葱段 20g ● 姜片 15g ● 干红辣椒 6 根 ● 蒜片 5g ● 花椒粒 10g ● 生抽 2 茶匙 ● 老抽 2 茶匙 ● 料酒 1 汤匙 ● 醋 1 茶匙 ● 糖 1/2 茶匙 ● 鸡精 1/2 茶匙 ● 油 2 汤匙

做法

1 将牛蹄筋冲洗干净，然后放入清水中，加入花椒粒大火煮沸，使其保持滚沸约 3 分钟左右，然后将浮沫撇去，捞出牛蹄筋沥干水分，切成小块备用。

2 锅中放油烧至四成热时，也就是刚刚有一些热气的时候，将干红辣椒剪碎，连同里面的辣椒籽一起放进去，看到辣椒籽颜色变深的时候，放入姜片、葱段和蒜片爆香，然后放入牛蹄筋大火翻炒。

3 烹入料酒后，继续翻炒 1 分钟左右，然后放入生抽、老抽、醋、糖、鸡精和没过食材约 1 个指节的清水，大火烧开之后，转小火慢炖至食材熟烂即可。

Tips 干红辣椒的辣度略显温和，一般来讲，普通的微辣口味，3 个人的分量基本上用 5 根左右就可以了。可以根据自己的口味需求在此基础上调整。

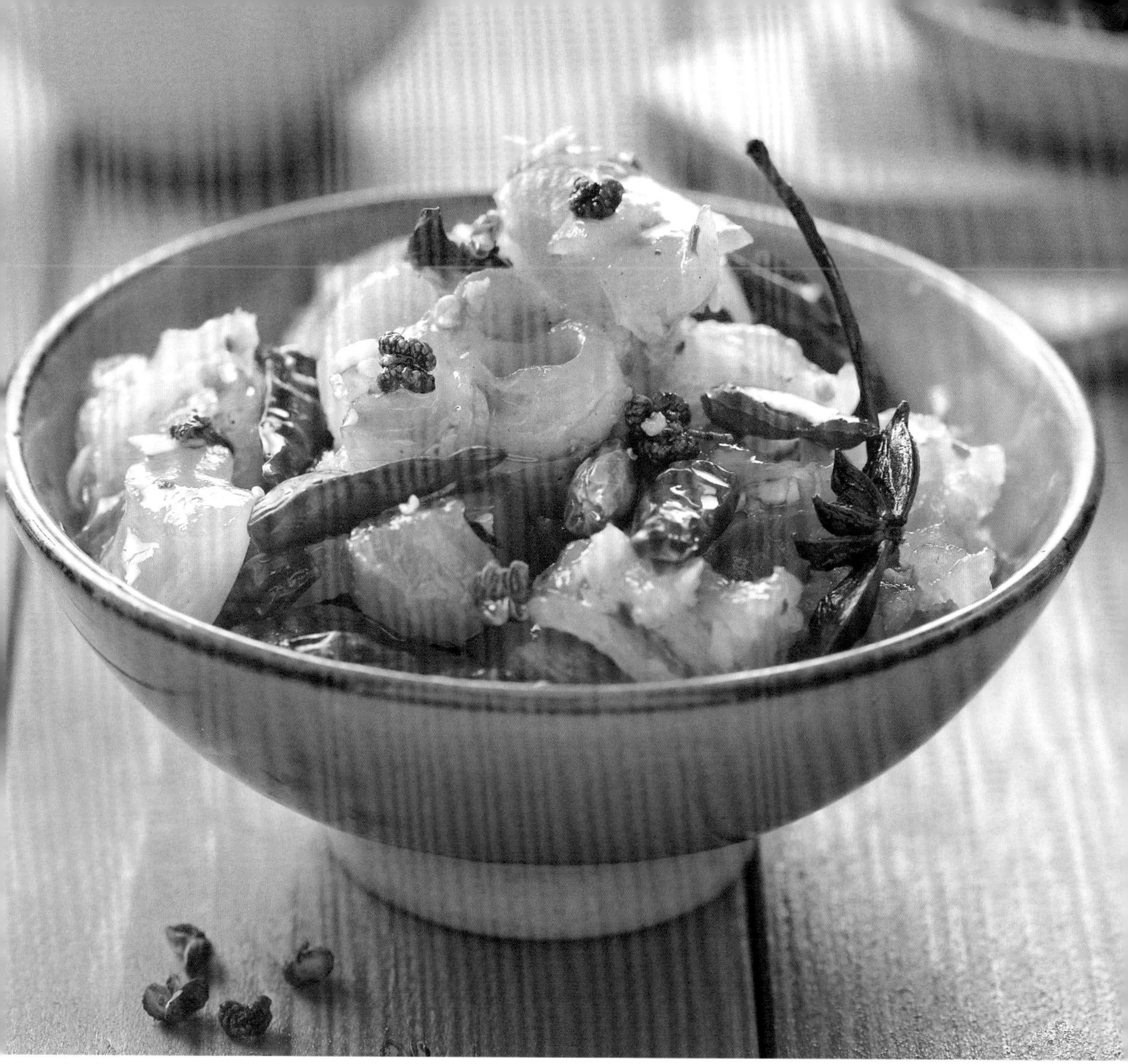

1.准备好洗净的牛蹄筋和卤制用的香辛料 2.卤好的牛筋晾凉后切成小块 3.锅中加热至干红辣椒和花椒出香味 4.加入葱和蒜 5.放入牛蹄筋，加生抽等调料炒匀入味

蘑菇炖蹄筋

蟹味的汤，牛肉的香

用蟹味菇煮出来的汤，带着一股足够以假乱真的蟹肉味道，这个汤的味道起点已经很高了，再加上牛蹄筋炖制之后飘出的牛肉香味，两种香气混在一起，谁闻一下估计都会被勾了魂。比普通的汤煲更优越的是，这里的所有食材，味道口感都适合捞出来品尝一番。

用料

● 水发蹄筋 40g ● 蟹味菇 70g ● 水发香菇 4 朵 ● 姜片 8g ● 枸杞 3g ● 盐 1/2 茶匙 ● 米酒 1 汤匙

做法

1 将水发蹄筋用温水泡发，捞出冲洗干净；水发香菇同样用温水泡发，捞出后，用清水冲洗干净，由于会有一些泥沙的残渣，所以清洗要更加仔细一些；蟹味菇去掉根部，分开洗净。

2 蹄筋放入水中大火煮开，捞出浸凉，然后和蟹味菇、香菇、姜片、枸杞、米酒一起放入电煲内，加入没过食材约 1 指深的水，以煲煮功能加热。

3 加热完毕以后，继续扣盖，保持 20 分钟左右之后，加盐调味即可。

Tips 菇类的食材可以多加一些，突出鲜味，但是尽量不要放入金针菇，因为金针菇煮制之后，汤会变得有一些黏的感觉，不适合这道汤品。

孜然猪脆骨

从小就爱吃脆骨

记得我们小时候父母经常把脆骨留下，说这个好吃、补钙等等，直到长大之后，每次吃脆骨的时候都有一种幸福的感觉，总喜欢把它嚼得“咯吱”脆响，尽管自己已经独立生活，还是希望他们能够听到自己幸福地吃的声音。

用料

● 猪脆骨 200g ● 小红尖椒 3 根 ● 孜然粒 2 茶匙 ● 生抽 1 茶匙 ● 料酒 2 茶匙 ● 鸡粉 1/2 茶匙 ● 葱姜蒜粉 2g ● 油 1 汤匙

做法

1 猪脆骨买回来之后，看看有没有块头太大的，用刀剁一下，大小适口就可以。然后略清洗之后，放入锅中，加入适量清水和料酒，大火煮沸。

2 水沸后如果有一些浮沫，将其撇去，转小火再煮 15~20 分钟。因为即便是脆骨，有一些也是很咯牙的，所以，在一开始将脆骨的口感弄得稍微软一些，到吃的时候也比较好嚼。

3 将脆骨煮好后，捞出沥水。小红尖椒洗净切小段，锅中放油烧至五成热后，爆香小红辣椒，再放入猪脆骨，加入生抽大火煸炒。

4 炒到发现脆骨的边缘已经有一些变色焦黄的时候，放入鸡粉、葱姜蒜粉、孜然粒，快速翻匀后即可。

Tips 这里用的是片状的脆骨，这种脆骨由于不是肋排上的那些，虽然看起来更单薄，但是比肋排脆骨更硬一些，所以应该适当加长煮制的时间，吃的时候也要慢点嚼。

豆腐羹番茄盅

红色不热情，红色很温情

有一种味道，可以平复骄躁的心情，可以给人温暖。从入口开始，慢慢地在心里开出一朵花。

用料 ●番茄 3 个 ● 豆腐 150g ●西兰花 100g ● 鸡汁 1 汤匙 ●龙须菜 少许

做法

1 取两个番茄从顶部切个盖儿，取芯备用。另取一个用开水烫几秒钟后撕皮、切丁。西兰花和豆腐洗净切成小丁，龙须菜切丝备用。

2 锅中倒入清水，中火烧开后加入鸡汁烧开，下豆腐滚几下，接着倒入番茄粒和番茄芯，待水烧开后再加入西兰花、龙须菜丝。

3 转小火焖煮，待汤汁煮稠后盛入空的番茄中。

Tips 富含多种维生素的番茄，其实不仅仅是盛器，也是为其中的汤羹增加风味的一味食材。

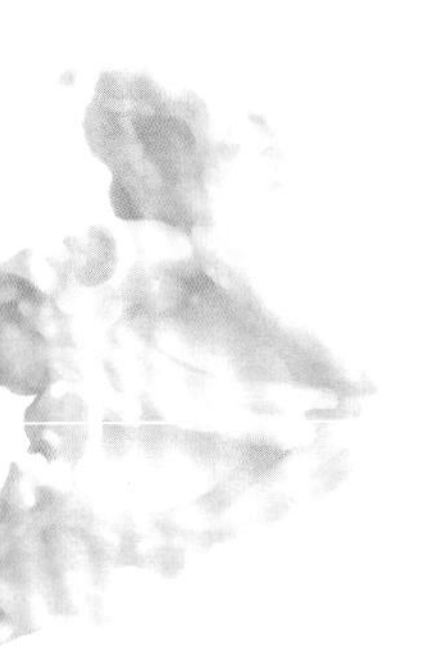

照烧孜然猪脆骨

最迷人的就是外面那一点点

炒菜其实是跟着感觉走的，总是说注意火候，别炒煳了，别炒焦了等等，其实有的菜恰恰是焦一点点才好吃的。这道菜就是这样，其实这个让口感略焦的过程在锅里也就是那么几秒钟，就会在嘴里呈现出一种外焦里脆的独特感觉。

用料 ● 肋排脆骨 250g ● 料酒 1 汤匙 ● 姜丝 5g ● 日式照烧汁 1 汤匙 ● 孜然粉 1/2 茶匙 ● 鸡精 1/2 茶匙 ● 干红辣椒 3 根 ● 油 1 汤匙

做法

1 将脆骨洗净后，切断，放入锅中，加适量清水和料酒，大火煮 20 分钟左右，捞出沥干水分备用。

2 锅中放油烧至五成热，将干红辣椒剪碎放入，看到辣椒籽开始变色的时候，将姜丝放入爆香。

3 然后放入肋排脆骨大火煸炒，看到脆骨边缘有一些微焦的时候，将日式照烧汁加入约 200ml 清水稀释后倒入，再放鸡精搅匀。

4 将汤汁大火煮开后，转小火慢熬至汤汁收干，撒入孜然粉翻炒均匀即可。

1.猪脆骨洗净后切成小块 2.猪脆骨放入锅中大火煮20分钟左右 3.锅中爆香姜丝和干红辣椒 4.放入猪脆骨炒匀 5.加入烧汁和清水，煮开后收干汤汁

Tips 最后放入孜然粉是为了提香的，不用放很多，略带点味道就可以。放进去炒几下就要马上出锅，时间长了孜然的香味就会散去。

豉椒酱香猪脆骨

用料 ● 猪脆骨 200g ● 葱末、姜末 各 10g ● 青、红尖椒 各 25g ● 豆豉 2 茶匙 ● 料酒 1 汤匙 ● 豆瓣酱 1 茶匙 ● 糖 1/2 茶匙 ● 油 2 汤匙

Tips 由于猪脆骨并不是很容易入味，所以在加入调料之后，还要尽量多多翻炒，记住要勤翻，否则容易粘锅或受热不均匀。

只差小酒一杯……

豉椒加上酱香，足以让这道菜熠熠生辉，但是其实味觉并不是猪脆骨的精髓，那种爽脆的口感才是猪脆骨真正的精华所在。一个个地夹起来，听着咀嚼时发出的"咯吱"声，只叹手边，若有一壶小酒相伴，那该是多么恣意……

做法

1 将猪脆骨洗净，放入水中加料酒，大火煮开后撇去浮沫，然后继续煮30分钟后捞出沥干水分。利用煮脆骨的时间，青、红尖椒去籽去蒂，洗净切成小段。

2 锅中放1汤匙油，中火加热，放入葱末、姜末，片刻后会闻到香味，这时候将猪脆骨放入翻炒均匀。

3 然后将青、红辣椒放入，再放入豆豉和豆瓣酱，充分翻炒均匀。注意火不要很大，基本上中火就可以，以免将酱料炒煳。食材基本入味了之后即可出锅。

1.猪脆骨飞水去血沫，烧煮30分钟 2.青、红辣椒洗净切段 3.锅中放油烧热，爆香葱姜 4.放入猪脆骨翻炒均匀 5. 加入青、红辣椒炒匀 6.放入豆豉和豆瓣酱等调料炒至入味

牛骨雪浓汤

时间真的会融化一切

熬汤向来是一件费时间的活，但是不管多费时，为了最后能喝到让人神魂颠倒的汤也是值得的。别看这里的主料是坚硬的大骨头，熬久了照样也是慢慢地把它的精华融化在了汤里面，那种鲜美，在你咽下之后才会缓缓地袭上来。

用料

● 牛骨 500g ● 枸杞 10g ● 干红枣 20g ● 黑豆 25g ● 盐 适量

做法

1 牛骨的块头不能太大，具体大小要根据锅的大小来定，所以在买的时候，就要选好，必要的话让商家帮助。黑豆提前充分浸泡备用。

2 牛骨用清水冲洗干净之后，放入锅中，加清水大火煮开，撇去浮沫后捞出。将枸杞、干红枣和黑豆洗净。

3 锅中放入牛骨、枸杞、干红枣、黑豆，加入足量清水大火煮开后，转小火炖半个小时左右，将所有材料连汤一起移入电锅当中，用煲炖的功能继续剩下的过程。

4 炖好后，断电扣盖继续焖 15 分钟左右，加盐调味即可。

其实块越小的牛骨，味道可析出的面积就越大，汤就会更好喝。

麻婆牛骨髓

麻婆不光是豆腐

中国菜里面举一反三的例子实在是太多了，这里又是一个鲜活的例子。牛骨髓和豆腐的质地差不多，所以顺理成章地，只要会做麻婆豆腐，这道菜就不在话下。牛骨髓比豆腐更鲜美一些，做成麻婆标志性的香辣微麻，别有一番风味。

用料 ● 牛骨髓 180g ● 嫩豆腐 100g ● 葱、姜、蒜末 各 5g ● 郫县豆瓣酱 4 茶匙 ● 料酒 1 汤匙 ● 鸡汁 2 茶匙 ● 盐 1 茶匙 ● 水淀粉 2 汤匙 ● 花椒粉 1/2 茶匙 ● 干红辣椒 2 根 ● 油 1 汤匙

做法

1 将牛骨髓洗净，切成 2cm 长的小段，放入水中，加料酒大火煮沸后，捞去浮沫，将牛骨髓捞出沥干水分。注意尽量多沥一会儿，因为稍后它的伴侣——嫩豆腐，也是个出水大户。

2 将嫩豆腐从盒中取出后，轻轻切成和牛骨髓大小相仿的块，放入加了 1 茶匙盐的清水中浸泡。将鸡汁用约 50ml 的清水稀释搅匀，干红辣椒切段。

3 锅中放油烧至六成热，将葱姜蒜末爆香后，放入郫县豆瓣酱和干红辣椒，炒香并且将红油炒出。此时放入牛骨髓，炒匀后放入豆腐和稀释的鸡汁，轻轻推匀。

4 在汤汁即将煮滚的时候，加入 1 汤匙水淀粉推匀，再次将沸的时候，将剩下的 1 汤匙水淀粉放入推匀，撒入花椒末即可。

Tips 豆腐在遇到咸味之后容易出水，所以用二次勾芡的方法，让成菜不至于片刻之后变成稀汤泡菜。

排骨伴侣

麻酱油麦菜

餐厅中的必点项目

每次下馆子都会点这道凉菜，就是为了一会儿的大吃大喝有个清爽的调剂，这道菜在家也一样合适哦。

用料 ● 油麦菜 250g ● 清水 20g ● 麻酱 30g ● 精盐、白糖、白芝麻少许

做法

1 在盆中倒水，放少量精盐，将油麦菜用清水冲洗干净，放入淡盐水中浸泡 3~5 分钟，再次冲净后，切长段备用。

2 麻酱加入清水稀释，再放入糖、盐，用筷子沿一个方向搅拌，使其和清水融合，搅拌成均匀的麻酱汁。

3 将油麦菜修切整齐，浇上麻酱汁，最后撒上白芝麻即可。

Tips 香入脾，与五行中的土对应，这道菜的浓香会让人心情大好。用淡盐水浸泡油麦菜，一能将菜洗干净，二是让油麦菜吃起来更爽脆。但不能放太多盐或泡太长时间，一般是 5~10 分钟，否则会让油麦菜析水变蔫。

红烧猪蹄

用料

● 猪蹄 2 个 ● 花雕酒 2 汤匙 ● 冰糖 2 茶匙 ● 红烧酱油 1 汤匙 ● 花椒粒 10g ● 五香粉 2g

做法

1 将猪蹄分切成适口的块，如果自己搞不定，可以在买的时候请师傅代劳。将这些切好的猪蹄放入锅中，加入花椒粒和足量清水，大火煮沸后，去掉浮沫，将猪蹄捞出沥干水分。

2 将猪蹄放入电压力锅中，加入没过食材约 2 个指节的清水，倒入花雕酒、冰糖、红烧酱油、五香粉，开始炖制。基本炖完以后，猪蹄可以很软烂了，用筷子一戳都可以戳透。

3 此时锅中还有一些汤汁，将猪蹄连同汤汁一起盛出，放入已经烧热的砂锅中，中等火力将汤汁收干即可。注意期间要加以搅拌，以免煳锅。

Tips

制作这类菜式压力锅还是最好的选择，不仅快而且口感比较好。真正炖到炉火纯青的猪蹄，是软烂而型不散，连骨头都是碰一下就会泻开的那种。

最具群众基础的猪蹄

说到猪蹄怎么做，或许 100 个人里要有 80 个人说红烧猪蹄了，这道菜可以说有着最为广泛的群众基础。没错，不管是你用来美容养颜，还是仅仅为了那口香甜软嫩而且略带筋道的味道，这道菜都是好吃又好做的。而且猪蹄熟后那种晶莹剔透的样子，在餐桌上很是讨人喜欢。

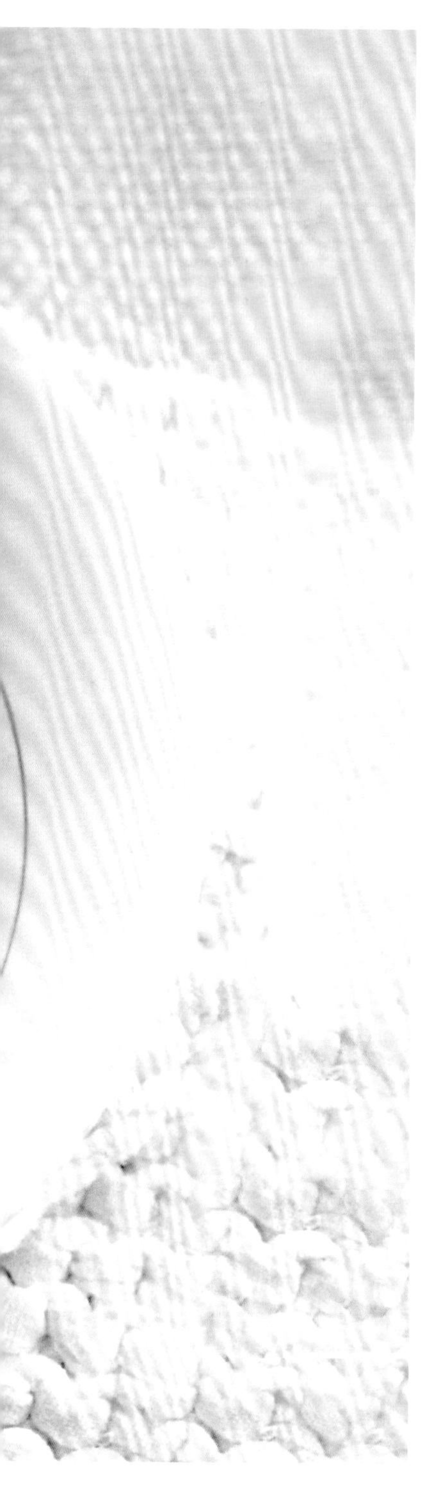

糖醋菜卷

糖醋永远不过时

如果除了肉之外，发现厨房里可怜到只剩一棵卷心菜，千万不要放弃你的做饭计划，可以就地取材用它做道糖醋菜卷，用来搭配肉类永远 OK。

用料 ●卷心菜 1 棵 ● 红椒 1 个 ● 生姜 1 块 ● 白糖 50g ● 白醋 40ml ● 食用油 120ml ● 盐 适量

做法

1 选用卷心菜是因为它的叶片比普通白菜要薄，而无色透明的白醋会让这道菜更有品相。

2 将卷心菜一片片掰开，洗净后放入滚水中煮软，捞出放入冷水中浸泡。

3 将爆好的红椒丝、姜丝放入调好的糖醋汁内浸泡至少 5 分钟，这样会保证入味。

4 将卷好的菜卷放入糖醋汁内，浸泡约 20 分钟后用筷子夹出斜切成小段，就可以装盘了。

Tips 卷心菜很容易出汤，所以需要先煮一下，释放掉一些水分，否则加入调料之后，糖醋汁的味道会打折。

刀具介绍

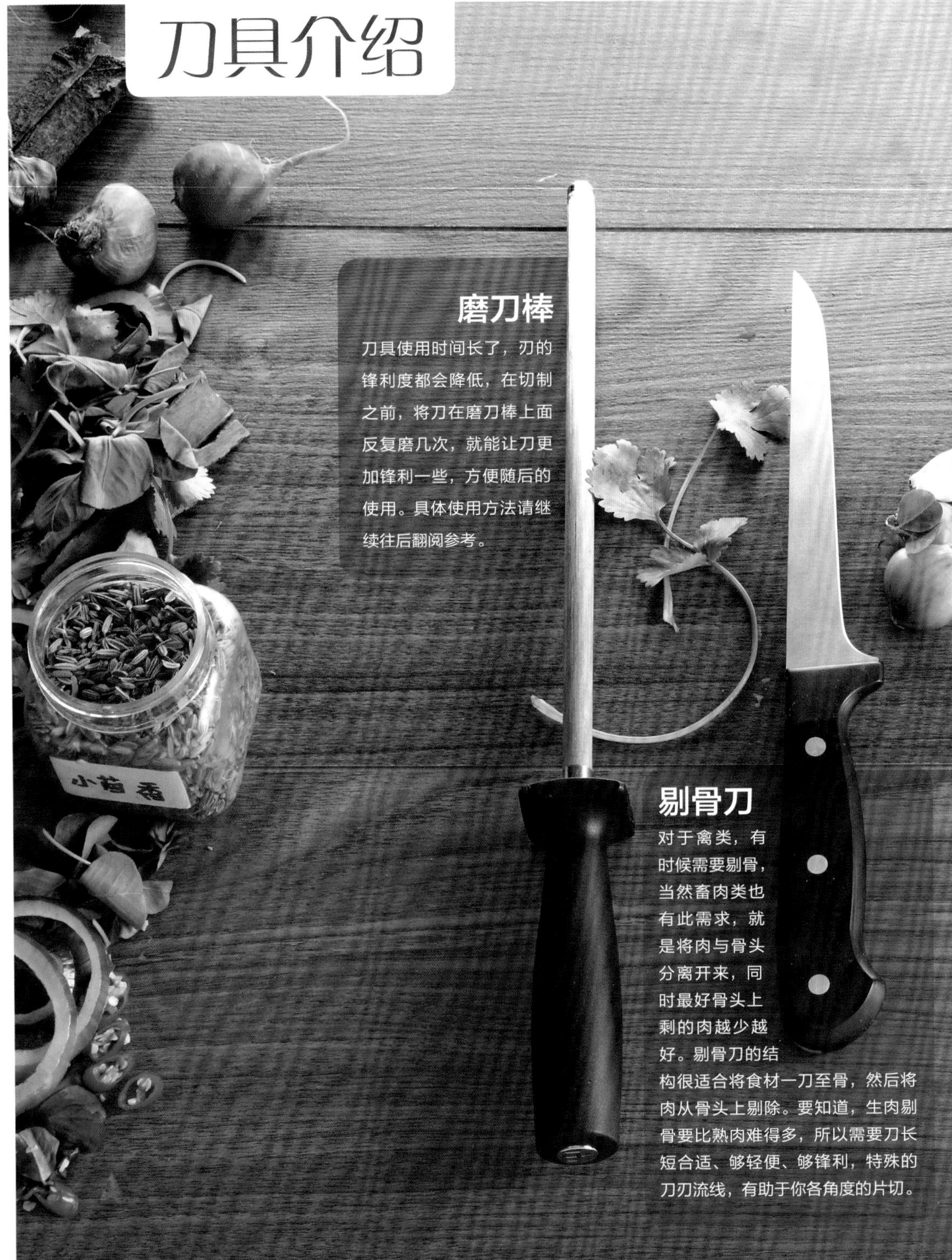

磨刀棒

刀具使用时间长了，刃的锋利度都会降低，在切制之前，将刀在磨刀棒上面反复磨几次，就能让刀更加锋利一些，方便随后的使用。具体使用方法请继续往后翻阅参考。

剔骨刀

对于禽类，有时候需要剔骨，当然畜肉类也有此需求，就是将肉与骨头分离开来，同时最好骨头上剩的肉越少越好。剔骨刀的结构很适合将食材一刀至骨，然后将肉从骨头上剔除。要知道，生肉剔骨要比熟肉难得多，所以需要刀长短合适、够轻便、够锋利，特殊的刀刃流线，有助于你各角度的片切。

切肉刀

普通的切肉刀和我们常用的菜刀有些不同，虽说许多人多数时间都在用菜刀代替切肉刀，但是这些专职的切肉刀，必定比菜刀要好用得多。首先，刀身比较轻便，重量比例合理，适合片、切、划等多种动作；其次，刀尖有尖端，更方便使用，尤其是划切的动作。普通的肉类基本都可以用切肉刀来搞定。

小刀

从名字里你看不出它有什么作用，但其实，它是必不可少的刀具之一，因为它能帮你做许多事，尤其是需要做一些精细活儿的时候，譬如去掉一层肉表面的筋膜，或者去除一块杂质，甚至一些切肉刀能干的活儿,它也一样可以。因为个头小，所以更加灵便，只要你觉得它能行，它就一定能做到。

砍骨刀

对付肉类，要用刃口很锋利的刀具，但是越是锋利的刀具也越脆弱，尤其是面对硬骨头的时候。砍骨刀的刀身很厚重，刃口虽然不如切肉刀那么锋利，但是却更加厚实，强度更高，就算是再硬的骨头，用砍骨刀也可以剁开，而不用担心崩刃的问题。一般的肋排等排骨的分切，砍骨刀是必不可少的。

用切肉刀搞定大块的肉类

一块肉，方方正正地摆在面前的案板上，你以为用一把刀随便切两下就可以了吗？其实不然，对于各种肉类，切制的方法也不尽相同，如果切的方法不对，会直接影响食用时的口感。

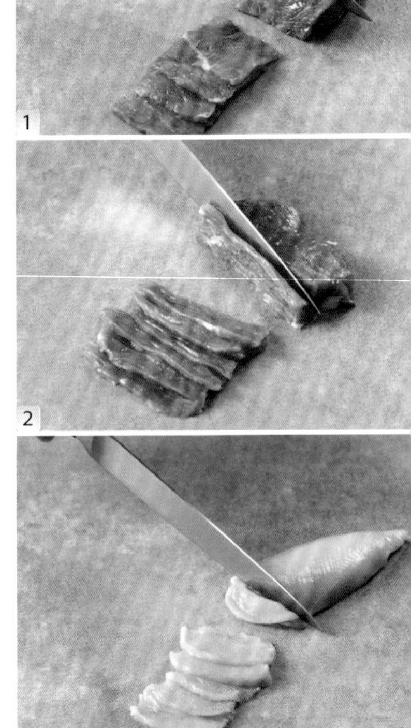

牛羊肉

牛羊肉的纹理比较明显，在切制的时候，刀刃要垂直于这些纹理的走向，这样可以把比较粗的肌肉纹理切断，吃起来不会咬不动。切好的肉，应该是可以看到肌肉纹理横截面的。

猪肉

猪肉的纹理不很明显，即便是在脂肪含量较低的部位，纤维也会细很多，所以切制猪肉应该顺着这些纹理走向。纹理是什么走向，就顺着这些走向下刀，这样切出来之后，猪肉不会散。切好的肉，应该是可以看到肌肉纹理纵剖面的。

鸡、鸭肉

禽类的肉质大多比较细嫩，所以在切的时候，并没有太多的讲究。一般来讲，切鸡肉只需要让刀刃与肉的纹理之间有一个角度就可以了。

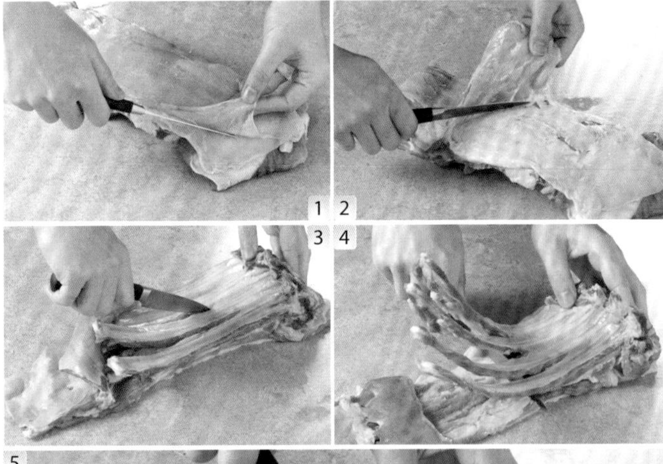

肋排切工

1.在羊肋排的外侧，有一层硬皮，需要用小刀片下。先从一个角开始，看清横截面，将皮肉分切开来，然后一手拉起表皮，一手顺势将表皮与里面的肉分开。

2.肉皮掀起很大一片的时候，更要注意下刀的深浅和力度，尽量保持表面平整，注意在切的时候，可以适度保留肋排外面的少许脂肪层，可以使成菜的口味更佳。

3.将表皮去掉之后，在肋排尾端（也就是远离脊骨的方向）向顶端大约1/2的长度中，将这里的肉剔除。

4.先将肋骨之间连接的肉切断。切断之后，这些肉就会散下来，按照刚才量好的长度，将这些肉切下，留作他用。

5.将骨头底端切平齐，上面粘连的肉刮净。这样是为了让羊排更加美观，多用于烤制时的初加工。

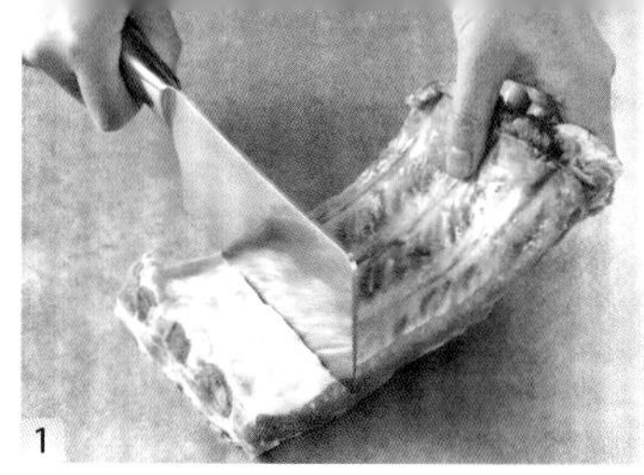

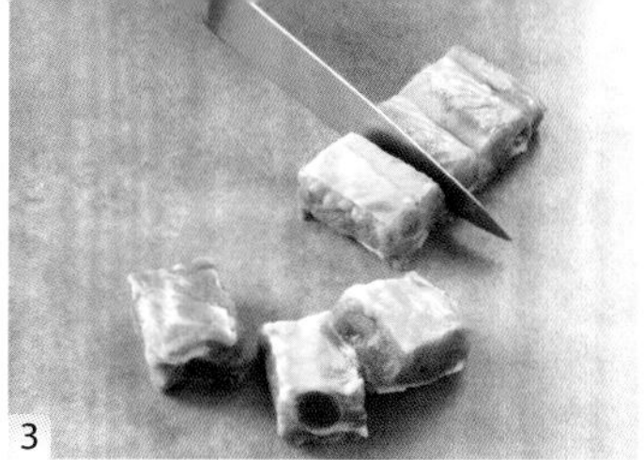

如何对付硬骨头

1.砍骨刀在对付硬骨头的时候是必不可少的工具。先拿住肋排的一端，以防稍后剁的时候，由于肋排的弯曲度而在案板上发生偏移。先把刀刃放在要下刀的位置，然后垂直抬起，利用惯性，快速、果断地剁下。

2.剁到排骨能够平放的长度之后，为了安全就切勿用手拿着剁了。将排骨平放后，依旧用刀在下刀的位置竖直抬起，快速剁下。注意力度一定要足，如果下刀不够果断，很容易剁歪或者使刀口受损。

3.将每段骨头切制长短合适之后，就可以让砍骨刀休息一下了，再用剪刀或者切肉刀，将每根骨头中间连接的肉切开，成为长短、宽窄都比较均匀的小排段。

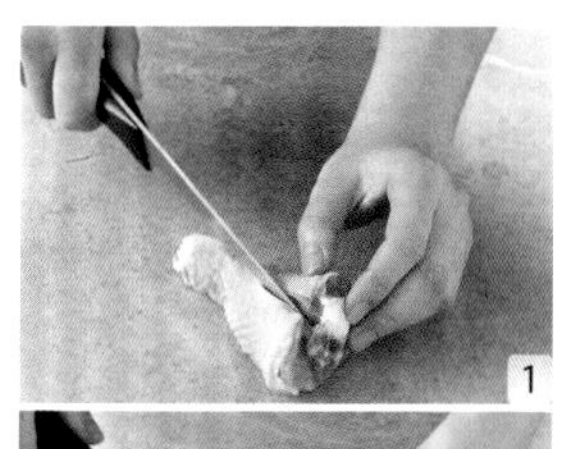

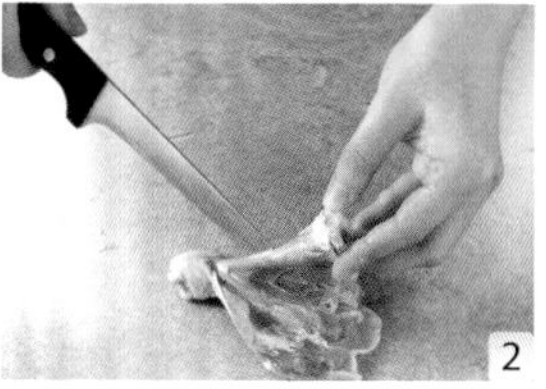

如何剔骨

禽类经常需要剔骨，鸡腿剔骨之后，我们可以烹饪美味的鸡排，而这并非普通的切工，而是需要讲究一些方法和技巧。

1.琵琶腿或者大腿先洗净，然后从肉最厚的地方用剔骨刀切开，并且注意需要一刀深至骨，至于长度，基本上是从上至下贯穿，琵琶腿可以留下末端的一点。将这道缝轻轻扒开，然后用剔骨刀紧贴着骨头向左右继续剔，慢慢将这个缝拓宽。

2.在剔的时候要注意，大多数的骨头和肉之间的临界处，都会有一层筋膜附在骨头上。如果下刀不够深，没有切破这层筋膜，就会在骨头上留下许多残留的肉。反之，不仅骨头会很干净，而且剔骨也容易了许多。最后，整根骨头就可以被取出了。

磨刀霍霍

有了磨刀棒，磨刀的基本手法也要知晓，否则如果手法不得当，刀很有可能越磨越钝哦！

1.左手持磨刀棒，右手持刀，刀片与磨刀棒呈30°C左右的夹角，从刀刃外侧开始磨。

2.保持这个角度，将刀刃擦着磨刀棒，从顶部划到尾部。

3.再用同样的动作，磨刀刃的内侧。注意在磨刀的时候，刀要有一个垂直于磨刀棒的运动方向，这样才能将刀刃从头到尾部磨到。

4.如此动作，反复10次左右，就可以开始切制了。

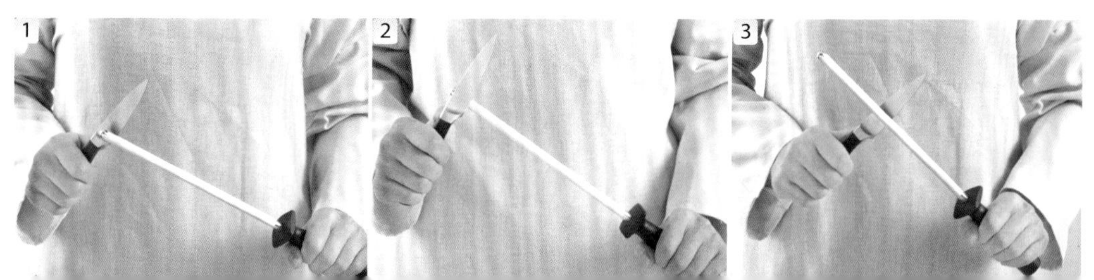

家常酱烧汁

在北方，以鲁菜为代表少不了这种家常酱烧汁“打造”的排骨，酱烧让肉类完全浸入酱香的味道，口味非常浓郁，吃后唇齿留香。

做法：（适用于约800g主料）

2汤匙黄豆酱加约1汤匙水调稀，加入糖1茶匙、花雕酒1汤匙，然后将一根葱的葱白部分切成小段，外加姜片5片左右，花椒粒、八角、桂皮各3g，香叶1片和小茴香5g，搅匀后稀释即可。材料如难以购全，可用欣和“葱伴侣”之类的酱料代替，简单调制后味道也超赞。

黑椒汁

牛肉有一些部位外面还会裹着一层薄薄的脂肪，经过煎制或者烤制，会将牛肉的香味放大数倍，这时候，如果在大千世界中找一款香料与之匹配，非黑椒汁莫属。

做法：（适用于约500g主料）

将1茶匙现磨黑胡椒碎放入少许橄榄油，外加1茶匙老抽、1/2汤匙生抽、1汤匙蚝油、1/2茶匙鸡精，放入约50ml高汤中搅匀，略加热熬香即可。高汤就用每次飞水后的骨汤滤清即可。

腐乳汁

腐乳汁能让猪排骨甜美柔韧，完全展现肉食柔美的一面。腐乳汁中带着一丝发酵之后的甜味，会藏在排骨中最深的地方，剩下的就是腐乳特有的香气。猪排、羊排等都非常适合用这种酱汁熬制。

做法：（适用于约500g主料）

4茶匙酱油与2汤匙腐乳汁混合，加入1/2茶匙鸡精和1汤匙料酒混合均匀，然后放入葱末和姜末各10g即可。市场上有售现成的腐乳汁的，可以直接拿来用，非常方便。如果喜欢放糖的可以少放一些。炖烧前将此汁酱稀释即可。

果橙汁

让猪排骨带着橙子的香味其实是借鉴了一些西餐的做法，但是始终离不开中餐的底蕴。香甜而非单纯的甜，经过烧制之后，一股酱香也会附着在排骨当中。果橙汁便是猪肋排的另一个福音。

做法：（适用于约400g主料）

将1个甜橙用搅拌机打成果泥，滤出橙汁，橙皮也不要扔掉，留出10g橙皮切成细丝，将2茶匙黄酒和橙汁混合，将1汤匙冰糖和等比例水混合，小火熬溶化加入橙汁中，再加入2茶匙红烧酱油。烤烧前将此汁酱稀释即可。

豉汁

猪的肋排部位，内层夹着一层脂肪，容易让口感有些腻。豉汁能增加豉香味，关键是它可以帮助猪肉去掉那些腻口的感觉。

做法：（适用于约300g主料）

将1汤匙豆豉剁细，然后混入1茶匙鲜味酱油（如欣和六月鲜，味道好且健康少盐）和1/2茶匙料酒，将1g姜粉混入，再加入15g蒜末搅匀。菜品做好之后，再撒上适量青葱末提香即可。

蜜汁

蜜汁其实不是一味的甜，而是让肉本身甜中带鲜的汁酱，这种酱汁非常适合腌制禽肉类的肉排。不仅能让本味并不是很明显的禽肉滋味更加丰富，更加鲜嫩多汁，而且可以让表皮覆上一层诱人的、略带焦感的甜。

做法：（适用于约500g主料）

将4茶匙鲜味酱油作为底味，加入1汤匙黄酒、1/2茶匙鸡粉和1茶匙左右的细砂糖，其实甜味的主要来源是在于白砂糖，尽量不使用绵白糖。然后加入葱姜蒜粉、白胡椒粉各1/2茶匙，盐大约2～3g就可以了。

如何把这一碗酱焖大骨收拾到一滴汤都不剩

许多焖烧的菜吃完之后都会剩下一碗汤，其实这就是你自己家的老汤，是很不错的美味财富，为了不浪费它，我们准备了至少三种方法来让你充分利用它。

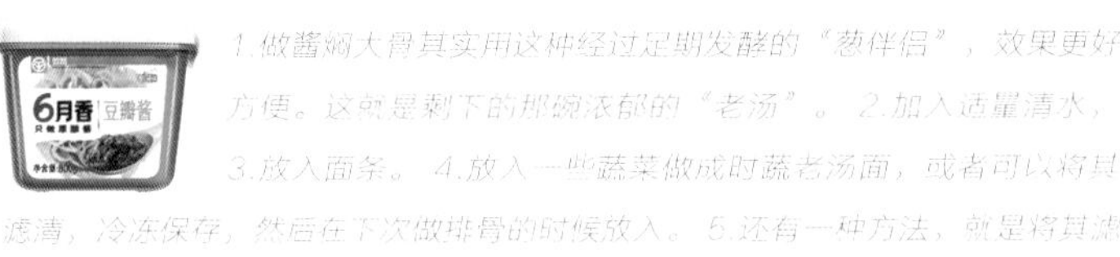

1.做酱焖大骨其实用这种经过足期发酵的“葱伴侣”，效果更好，也更方便。这就是剩下的那碗浓郁的“老汤”。2.加入适量清水，煮沸。3.放入面条。4.放入一些蔬菜做成时蔬老汤面，或者可以将其煮沸后滤清，冷冻保存，然后在下次做排骨的时候放入。5.还有一种方法，就是将其滤清，加入一些水淀粉制成芡汁。6.做菜的时候放入，当成无可比拟的调味汁。

腌制其实是个细致活

精心的腌制就是为了让自己吃的时候更加享受，所以，为了吃得更舒服、更过瘾，肉类的腌制也是很讲究的，尤其是牛肉。如果你的牛肉不够入味，其实问题都是出在这个环节上。

1.腌制的时候，先把没有咸味的调味品放入，如香辛料、糖类等。2.再放入有咸味的盐、酱类等。3.搅拌均匀，其实更应该亲手抓拌均匀。4.看到调料均匀地裹上了，就要开始按摩或是轻轻捶打，让味道更加深入。5.最后，可以淋入少许橄榄油，将味道封在肉里面。6.包上保鲜膜，放入冰箱冷藏，腌制过夜。

怎么样，你弄碎了几盒嫩豆腐?

我们买到的嫩豆腐都是盒装的，于是，怎么样从盒里把这块豆腐完整地弄出来，成了许多人的问题。当然，如果你不在乎，直接磕出来也可以，如果你是个完美主义者，那么请照如下所示操作。

1.将豆腐盒反过来。

2.在盒底部切一个小口。

3.让空气进入后提起。

4.整块的豆腐出来了。

爱吃肉？不会炒糖色可不行

许多烧制的肉排其实都经过了炒糖色的步骤，可不要以为只有红烧肉才需要炒糖色哦，烧制的菜式经过炒糖色以后，一是可以有不错的定型效果，二是可以让食材在烧的时候，让那股甜味从外到内彻底渗透。

1.炒糖色要用冰糖，块大的先将其敲碎。

2.锅里放入少许油，油量不要很多，否则成菜会很油腻。

3.将糖放入，小火加热，切记一定是小火慢热。

4.加热的同时，继续用铲子将糖尽可能地碾碎。

5.糖慢慢会变色，继续小火加热，同时加以搅拌，使其受热更加均匀。

6.最后糖全部融化，成为棕黄色糖浆。

7.立刻放入肉类食材原料，快速翻滚使原料上裹匀糖浆。动作要快，晚下料几秒钟糖浆就会糊。

昨天说不爱吃肘子皮的人，不许碰我的肉皮冻

炖肘子的皮，虽说有一些肥腻，但是也不要丢弃，它是做肉皮冻最好的原材料，在一开始将肘子皮取下来，一边炖肘子，一边就可以自己开始做肉皮冻了，这是很好的下酒菜哦。

1.肘子皮取下来，去毛洗净，然后放入开水中煮5分钟。2.捞出凉透，同时把姜片、葱段、花椒、八角、桂皮准备好，最好放在炖肉调料盒或者是纱布包里面包好。3.刮去里面的脂肪。4.将其切成丝。5.再放入锅中，加入清水，水量约为肉皮的两倍以上。6.大火煮沸，放入调料包。7.转小火，放入料酒、食盐、鲜味酱油（如六月鲜），鲜酱油放一点就够，中小火炖煮2小时。8.舀一勺子，[illegible]了，关火冷却。9.放入容器中，入冰箱冷藏。

有谁怕手持食材丢进油锅这个动作的?

炸的东西好吃，但是做的时候那个把东西放进锅里的动作，总是让新手们望而生畏，主要是怕被油烫。其实，你的动作越是显示出来你的恐惧，你才越容易被烫，因为你是把肉“扔”到油锅里的，热油当然会溅出来；反之，你坦然地放进去，反而不会溅，分解动作如下：

1.锅中放油烧至需要的温度。 2.一手持锅盖（锅盖是当盾牌用的，其实大可不必），一手持食材。 3.将食材拿到锅沿上方，而非油锅的正上方。 4.顺着锅边缓缓放入。 5.用漏勺或者长筷子翻滚食材。

能让你学会了解牛肉是否熟透的，只有这一种语言

经常听到人家说牛肉有三五七分熟，可是究竟有几分熟，我们也没法张嘴问牛肉，只能自己估计。这个评判标准在哪里呢？其实就在你的手掌心，用一种肢体语言，一下子你就知道你面前的那块牛肉有几分熟了。

1.大拇指搭食指，此时大拇指下方的肌肉硬度相当于牛肉的三分熟。 2.大拇指搭中指，此时大拇指下方的肌肉硬度相当于牛肉的五分熟。 3.大拇指搭无名指，此时大拇指下方的肌肉硬度相当于牛肉的七分熟。 4.大拇指搭小拇指，此时大拇指下方的肌肉硬度相当于牛肉的全熟。

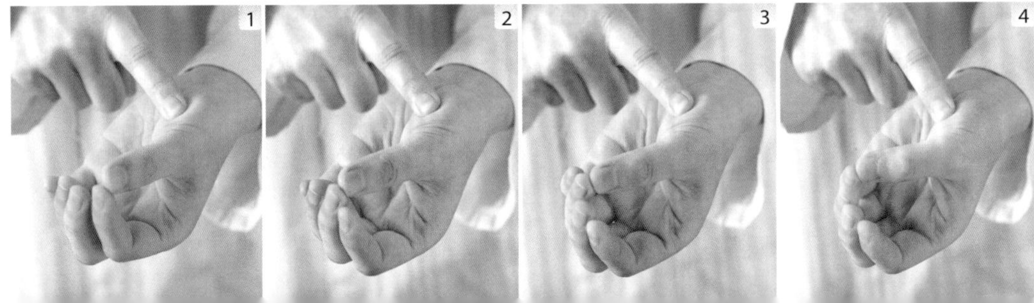

别告诉我你每次都用嫩肉粉

嫌自己做的肉一点也不嫩？告诉你其实那并不只能是嫩肉粉的功劳，用嫩肉粉实际上是一种餐厅里的省事做法，但是终究也算是一种添加剂。自己家里做肉，可以只用水就把肉搞得服服帖帖，鲜嫩可口。

1.将肉（以牛肉为例）切好成柳。2.掌心中拢上一些清水，放入肉碗中。3.开始充分抓拌，直至水分被肉完全吸收。4.再次放入少许水。5.重复第三个步骤。6.反复约四五次左右，会发现水已经抓不进去了，将多余的水倒出。此时的肉应该摸起来像豆腐一样软。趁着这个时机，迅速放入调料给肉腌制。7.再次抓拌均匀。8.紧接着马上放入蛋液和水淀粉，将水分封住。

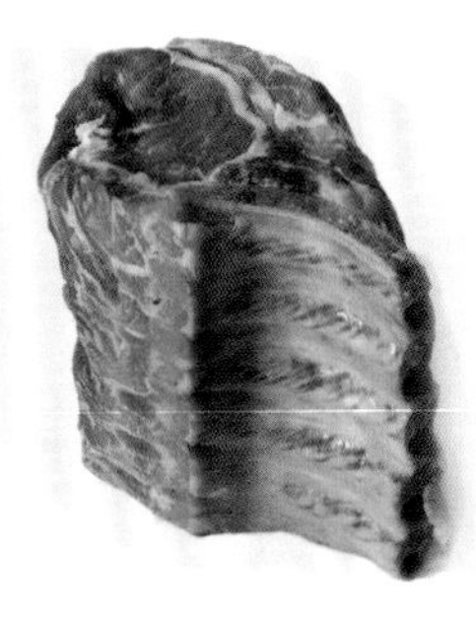

猪脊骨

猪脊骨就是脊柱骨，也叫做腔骨，肉质比较紧密、厚实，适合炖制、煲汤等。每节脊骨中间都有黄豆粒大小的一块胶质，很好吃，炖排骨炖的时间长一些的话，就可以轻易掰开吃到。

猪肋排

肋排就是排骨，一根一根的并排排列，价格比腔骨略高一些，适用的烹饪方式也更多。烧、炖、炸、煮、蒸等做法均可。

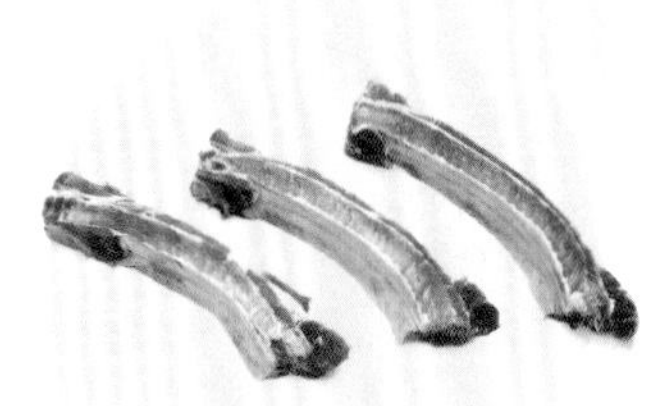

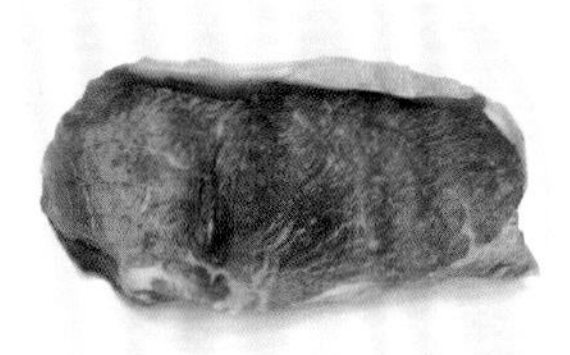

西冷牛排

西冷牛排是牛肋排靠近脊骨的部分，所以细嫩的程度要次于菲力，当然也会便宜一些。这个地方和菲力都是属于那种脂肪很少的部位，制作时需要注意火候控制。

牛小排

这里是牛的前胸肋骨处的牛肉，一般在吃的时候，都是带骨的，但大多都是已经机器切好的小片。这里的牛肉火候得当的话，会非常好吃，因为有一层油脂，可以为这块肉增色不少，火候恰当的话，不仅不腻，而且还会很香。

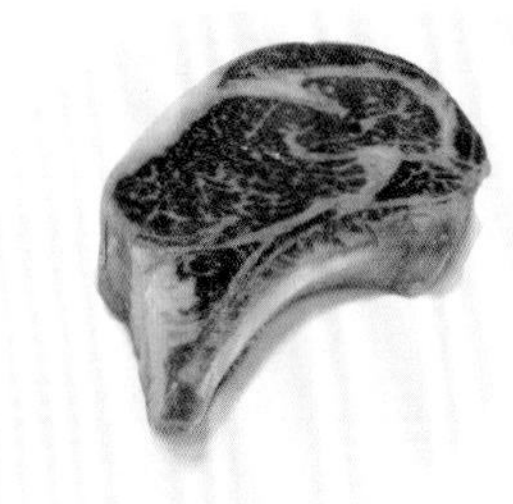

前肘

前肘的瘦肉比较多一些，个头比后肘相对小一些，烹饪时间比较长的炖、焖、酱烧等都比较适合。

丁骨 / T骨牛排

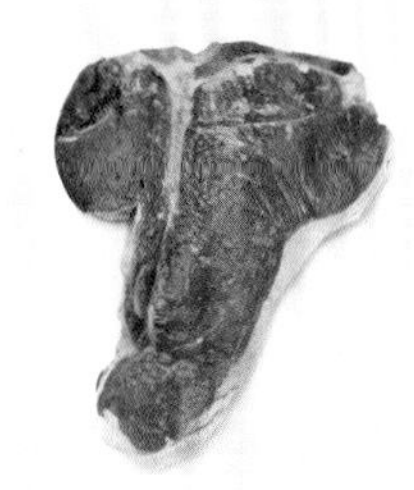

T骨牛排其实是两块牛排的组合，一侧是脂肪含量最低的菲力牛排，另一侧是含有少量脂肪的纽约客牛排，中间的骨头，是牛的腰脊骨。此处肉质紧密有韧性，一般适合煎烤等烹饪方法。

牛尾

牛尾的售价偏高，但是口味非常不错，肉质紧实鲜嫩，适合炖制，西式的牛尾汤，中式的烧牛尾，都是牛尾最美味的首选做法。

羊肋排

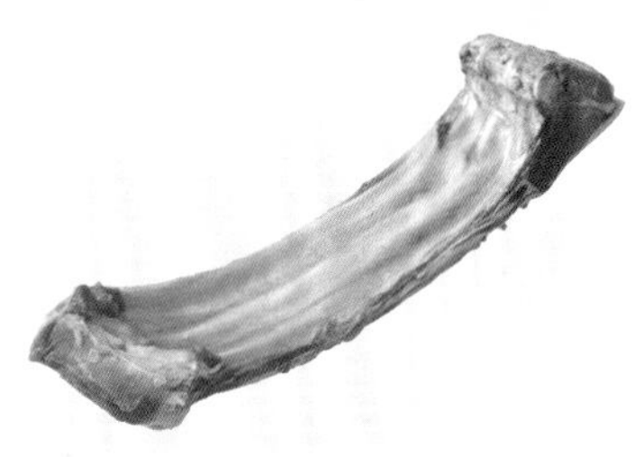

羊肋排的做法和猪肋排的做法差不多，只不过羊肋排如果按照中式的做法来烹饪的话，更多的是炖焖烧等，而那种将肋排尾端剔净的羊肋排，更适合出现在烤箱当中。

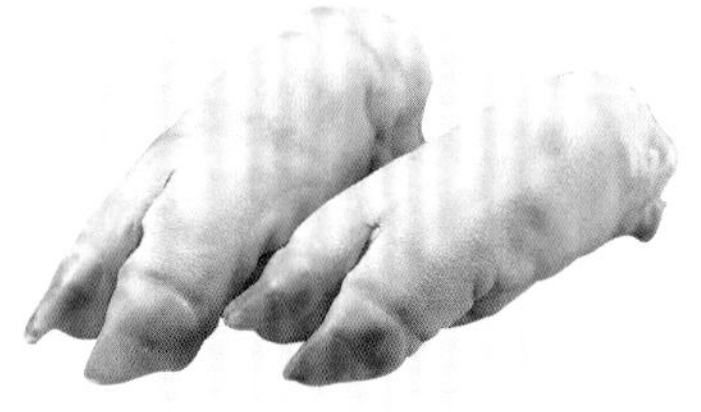

猪蹄

猪蹄也叫蹄膀，胶质（胶原蛋白）丰富。猪蹄适合炖烧，多吃一些这样的富含胶原蛋白的食物，能够让皮肤更加细嫩。

羊腔排

羊腔排上的肉不如猪腔排上的肉多，但是却更嫩，冬天里经常吃的羊蝎子，就是羊腔排的经典吃法之一。

结束语 | CONCLUDING

离骨头越近的肉就越好吃。

单独吃一块肉，其实没啥意思，只有带着骨头让你有“啃”这个动作的时候，肉才能体现出它真正的魅力。不管是猪骨、牛骨、羊骨还是鸡排以及那些筋头巴脑的东西，最适合回到家做给自己和家里人，舒舒服服地想怎么吃就怎么吃，再搭配几道书中解油腻的排骨伴侣菜式，除了旅游之外，这才是忙碌之余最好的调剂。

本书也不是劝大家天天肉不离嘴，只是让大家每次犯馋之后，可以不用那么隐忍，完全可以靠自己的双手，三下五除二把那些能够满足自己小小欲望的美食端上桌来。我们还特意安排了一些能够解油腻的排骨伴侣，记得让它们陪伴着排骨一起上桌就可以了。

吃，其实是一种最好的调剂。所以，下了班，就请快马加鞭回到家中，吃顿好的，吃顿舒服的。体验过那种无拘无束的坐姿、毫不避讳的谈天说地，以及百分之百让自己畅快解馋的大排小排之后，你才会知道，再多的应酬，也不应该耽误让自己真正地去享受生活。